요리가
세상쉬운
양념장

요리가
세상쉬운
양념장

초판 1쇄 발행 2020년 12월 9일
초판 2쇄 발행 2021년 4월 19일

지은이 박영화(상어이모)

발행인 장상진
발행처 경향미디어
등록번호 제313-2002-477호
등록일자 2002년 1월 31일

주소 서울시 영등포구 양평동 2가 37-1번지 동아프라임밸리 507-508호
전화 1644-5613 | **팩스** 02) 304-5613

©박영화

ISBN 978-89-6518-319-8 13590

박영화(상어이모) 지음

요리의 맛을 제대로 살리는 음식 맞춤 양념

요리가 세상쉬운 양념장

유튜버 '상어이모'의 비밀 양념 103

경향미디어

* 양념장에서 분량 표시가 없는 것은 옆 페이지에 제시한 요리에 딱 맞게 만들어진 양입니다.

양념장만 알면 요리 자신감 쑥쑥!

안녕하세요. 유튜버 상어이모입니다.

요리책을 내자는 출판사의 연락을 받고 기쁨 반 걱정 반이었습니다. 하지만 주변에서 매일 하는데도 요리가 제일 어렵다는 엄마들을 보면서, 양념 몇 가지로 만든 양념장으로 뚝딱 만들 수 있는 요리를 소개하면 도움이 되겠다는 생각에 용기를 냈습니다. 양념장에 쓱쓱 무치고 비비고 무치고 조리고 볶고… 빠른 시간에 푸짐하게 차려내는 시골밥상을 떠올리며 레시피를 정리했습니다.

요리를 못한다며 스스로를 요린이(요리어린이)라 여기는 사람, 요리 재료 중 한 가지 재료만 빠져도 음식을 포기하는 사람, 간 맞추기에 자신 없어하는 사람 등에게 최소한의 재료로 쉽고 간단하게 요리하는 법을 알려주고 싶었습니다. 또 간이 될 만한 주된 양념만 있으면 마늘 조금, 생강 조금이 빠져도 맛있다는 사실도요.

한식은 양념장만 알아도 막힘없이 만들 수 있습니다. 이 책에 나온 양념장으로 요리하면 자신감이 붙을 거예요. 양념장을 활용해 다른 요리도 만들어보세요. 저는 오랫동안 음식을 만들었지만 양념 레시피를 외우면서 요리하진 않는답니다. 부디 이 책이 주방 한편, 눈에 띄는 곳에 꽂혀 있기를 바랍니다.

상어이모

차
—
례

CHAPTER **1** 세상 쉬운
무침 양념장

CHAPTER **2** 세상 쉬운
비빔 양념장

CHAPTER **3** 세상 쉬운
조림 양념장

CHAPTER 8 세상 쉬운
샐러드 드레싱

CHAPTER 9 세상 쉬운
이국 소스

CHAPTER 10 만들어 두면 요긴한
요리 재료

이책의
활용법

계량법

이 책에서 재료의 계량은 밥스푼, 종이컵, 소주잔으로 하였습니다. 밥스푼은 집에서 사용하는 보통 크기입니다. 종이컵은 일반 자판기용 180㎖ 크기이고 소주잔은 일반 시판용 50㎖ 크기입니다.

양념장
보관

• 이 책에 나오는 대부분의 양념장은 뚜껑이 있는 용기에 담아 한 달 정도 냉장보관이 가능합니다.
• 재료를 무치지 않은 양념은 짭짤하게 간이 되어 있으므로 오래 냉장보관이 가능해요.
• 식초가 들어간 양념은 1개월 냉장보관이 가능합니다.
• 초고추장이 들어간 양념은 1년 냉장보관이 가능합니다.
• 조리한 양념은 염도가 낮아지므로 보관기간이 짧으니 주의합니다.

보관용
재활용
용기

저는 평소 빈 병을 버리지 않고 씻어서 양념병으로 활용합니다. 유튜브 영상에서 사용하는 양념병은 모두 재활용병입니다. 배달피자와 함께 따라온 오이피클통, 주스가 담겨 있던 유리병 등 한 번 쓰고 버리기엔 너무 예쁜 병이 많더라고요.

CHAPTER 1

세상 쉬운
무침 양념장

요리가 세상 쉬운 양념장

◆

유채나물무침(생나물 무침 양념장)

곤드레나물무침(말린 나물 무침 양념장)

열무무침(데친 나물 된장무침 양념장)

시금치무침(데친 나물 간장무침 양념장)

진미채무침(건어물무침 양념장)

비빔국수(국수무침 양념장)

비빔냉면(냉면무침 양념장)

상추겉절이(간단 밑반찬무침 양념장1)

부추무침(간단 밑반찬무침 양념장2)

풋고추무침(간단 밑반찬무침 양념장3)

◆

무침 양념장

유채나물무침

 |재료| |1L 1통|

☐ 유채나물 200g
☐ 다진 대파 2스푼
☐ 생나물 무침 양념장 3스푼

 |방법|

1 유채나물은 다듬어서 씻어줍니다.

2 먹기 좋은 크기로 잘라줍니다.

3 다듬은 유채나물에 다진 대파와 생나물 무침 양념장을 넣고 무쳐줍니다.

12

생나물 무침 양념장

생미나리, 생열무, 봄동, 오이, 돌나물 등 조금 단단
한 푸성귀에 아주 잘 어울리는 양념장입니다. 상추,
새싹 등 너무 부드러운 푸성귀는 무치자마자 숨이
바로 죽어버리므로 추천하지 않습니다.

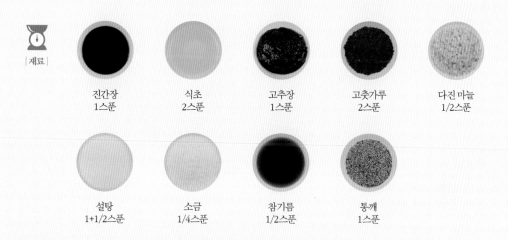

재료				
진간장 1스푼	식초 2스푼	고추장 1스푼	고춧가루 2스푼	다진 마늘 1/2스푼
설탕 1+1/2스푼	소금 1/4스푼	참기름 1/2스푼	통깨 1스푼	

|방법|

1 참기름과 통깨를 빼고 재료를 모두 섞어줍니다.

2 참기름과 통깨를 넣고 골고루 섞어줍니다.

무침 양념장

곤드레나물무침

· 양념장 ·
말린 나물무침 양념장

 |재료| 접시(소) 1개

□ 곤드레나물 100g
□ 말린 나물무침 양념장 3스푼
□ 대파 약간

 |방법|

1 곤드레나물은 따뜻한물에 1시간 불립니다.

2 물을 충분히 부어 약한 불에서 20분 정도 삶아줍니다.

3 삶은 나물은 뜨거운 물 그대로 냄비뚜껑 덮어서 2시간 정도 불려줍니다.

4 3을 물에 몇 번 씻어준 뒤에 꼭 짭니다. 말린 나물 100g을 삶아서 불리면
   250g 정도 됩니다.

5 먹기 좋게 썰어서 말린 나물무침 양념장으로 무쳐줍니다.

말린 나물 무침 양념장

 말린 나물을 묵나물이라고도 합니다. 묵나물은 약
간 쌉쌀한 맛이 나는 경우가 많은데, 진간장과 올리
고당이 그 맛을 잡아줍니다. 말린 취나물, 말린 고
사리, 말린 곤드레나물, 시래기나물 등을 무칠 때
잘 어울립니다.

|재료|

된장
1스푼

진간장
1스푼

다진 마늘
1스푼

멸치액젓
1스푼

올리고당
1/2스푼

참기름
1스푼

통깨
1스푼

|방법|

재료를 모두 섞어줍니다.

• 삶은 나물을 참기름과 식용유를 반반 섞은 기름   • 멸치액젓 대신 참치액으로 대체해도 됩니다.
 에 볶다가 양념장을 넣고 볶아도 됩니다.

무침 양념장

열무무침

 |재료| 접시(소) 1개

□ 열무 300g
□ 데친 나물 된장무침 양념장 3스푼

 |방법|

1 열무는 누런 잎을 떼어내고 뿌리를 잘라낸 후 깨끗이 씻어줍니다.

2 끓는 물 1리터에 열무를 넣자마자 바로 빼냅니다.

3 데친 열무는 바로 찬물에 2회 헹궈서 물기를 꼭 짜줍니다.

4 먹기 좋게 잘라서 데친 나물 된장무침 양념장을 넣고 무쳐줍니다.

데친 나물 된장무침 양념장

열무, 시금치. 배추, 냉이 등을 데쳐 무쳐 먹을 때
잘 어울립니다.

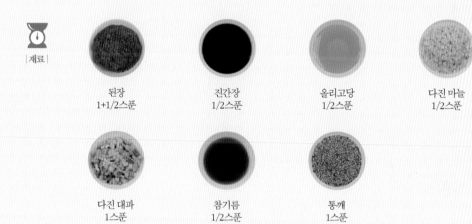

된장 1+1/2스푼	진간장 1/2스푼	올리고당 1/2스푼	다진 마늘 1/2스푼
다진 대파 1스푼	참기름 1/2스푼	통깨 1스푼	

|제료|

|방법|

1 참기름과 통깨를 빼고 재료를 모두 섞어줍니다.

2 참기름과 통깨를 넣고 골고루 섞어줍니다.

무침 양념장

시금치무침

 |재료| 접시(소) 1개

□ 시금치 200g
□ 데친 나물 간장무침 양념장
   2+1/2스푼
□ 통깨 1스푼

 |방법|

1 시금치는 누런 잎은 떼어내고 뿌리는 다듬어서 씻어줍니다.

2 끓는 물에 시금치는 살짝 데쳐서 찬물에 헹궈줍니다.

3 물기를 적당히 힘을 주어 짜줍니다.

4 데친 나물 간장무침 양념장을 넣어 무치고 마지막에 통깨를 뿌려주세요.

데친 나물 간장무침 양념장

얼갈이나물, 열무, 미나리 등을 데쳐 무쳐 먹을 때
잘 어울립니다. 초록나물을 초봄에 무치면 단맛이
나고 맛있습니다. 초봄이 아닌 계절에는 올리고당
으로 단맛을 보완해줍니다.

|재료|

진간장
1+1/2스푼

국간장
1/2스푼

올리고당
1/2스푼

참기름
1/2스푼

|방법|
재료를 모두 섞어줍니다.

• 진간장 대신 참치액으로 대체해도 맛있습니다.

무침 양념장

진미채무침

 |재료| 접시(중) 1개

□ 진미채 200g
□ 건어물무침 양념장 6스푼
□ 통깨 적당량

 |방법|

1 진미채는 먹기 좋은 크기로 잘라줍니다.

2 건어물무침 양념장을 넣고 무쳐준 다음 통깨를 뿌려줍니다. 이때 검은깨를
   뿌려주면 더 먹음직합니다.

건어물무침 양념장

건어물 조림이나 무침에 모두 잘 어울리는 양념장
입니다. 쥐포채, 대구포를 무쳐 먹을 때, 오징어 실
채를 살짝 찐 다음에 무쳐 먹을 때 좋습니다.

|재료|

고추장
3스푼

올리고당
3스푼

진간장
1스푼

참기름
2스푼

|방법|

재료를 모두 섞어줍니다.

 • 건어물 자체에 염분이 있으므로 주의해서 간을 맞춰야 해요.

무침 양념장

비빔국수

 |재료| 2인분

□ 국수면 200g
□ 국수무침 양념장 4스푼
□ 오이 50g
□ 통깨 1/2스푼
□ 기본 멸치 육수(87쪽 참조) 1종이컵

 |방법|

1 국수면 200g을 끓는 물 1L에 넣고 4분 정도 삶아줍니다.

2 국수면을 건져 찬물에 씻고 물기를 빼준 후 국수에 국수무침 양념장을 넣고 무쳐줍니다.

3 오이채를 얹고 통깨를 뿌리고 기본 멸치 육수를 넣고 비벼 먹습니다.

국수무침 양념장

간단히 비빔국수를 만들 수 있는 양념장입니다.

|재료|

고추장
4스푼

올리고당
3스푼

식초
3스푼

진간장
2스푼

설탕
2스푼

참기름
1스푼

다진 마늘
1/2스푼

다진 대파
1스푼

|방법|

재료를 모두 섞어줍니다.

 • 비빔국수에 달걀 1/2개를 고명으로 올리면 더 먹음직스럽습니다.

무침 양념장

비빔냉면

· 양념장 ·
냉면무침 양념장

 |재료| 2인분

☐ 건냉면 250g
☐ 오이 50g
☐ 삶은 달걀 1개
☐ 기본 멸치 육수(87쪽 참조) 1종이컵
☐ 냉면무침 양념장 3스푼

 |방법|

1 물 1.2L가 끓으면 건냉면을 넣고 6분 정도 삶아줍니다. 면을 건져서 상태를 확인하면서 삶으세요.

2 삶아진 냉면을 바구니에 담아 흐르는 물에서 주물러 씻어줍니다. 깨끗할수록 쫄깃해집니다.

3 달걀은 끓는 물에서 10분간 삶아줍니다.

4 오이는 가늘게 채 썰어 줍니다.

5 그릇에 면을 넣고 오이와 달걀을 얹고 기본 멸치 육수를 부어준 후 냉면무침 양념장 3~4스푼 넣고 통깨를 뿌려줍니다.

냉면무침 양념장

달지 않은 깔끔한 맛이라 쫄면이나 비빔냉면에 아주
잘 어울리는 양념장입니다. 냉장고에 넣어두면 몇 달
간 보관이 가능합니다.

|제료|

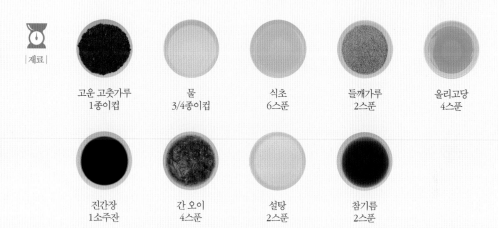

고운 고춧가루
1종이컵

물
3/4종이컵

식초
6스푼

들깨가루
2스푼

올리고당
4스푼

진간장
1소주잔

간 오이
4스푼

설탕
2스푼

참기름
2스푼

|방법|

1 오이 1/3개를 강판에 갈아줍니다.

2 고운 고춧가루와 물을 섞어 실온에서 하루 보관합니다.

3 2에 1과 나머지 재료를 모두 섞어줍니다.

• 생면을 사용할 경우에는 서로 붙어 있는 면을 물
에 담가 손으로 비벼 가닥가닥 떼어낸 후 2~3분
삶아줍니다.

• 생면을 냉동실에 얼려두었다가 필요할 때 꺼내
물에 담그면 바로 가닥가닥 풀어져서 삶기가 편
합니다.

• 오이 대신 배를 슬라이스해서 얹어도 맛있습니다.

• 건면을 사면 액상스프가 들어 있는데, 이를 물에
회석해서 멸치 육수 대신 사용해도 됩니다.

───

• 오이 대신 무를 갈아 넣어도 됩니다.

무침 양념장

상추겉절이

 |재료| 500ml 1통

☐ 상추 100g
☐ 대파 줄기 부분 1/2뿌리
☐ 간단 밑반찬무침 양념장1 4스푼

 |방법|

1 상추는 깨끗이 씻어서 물기를 빼고 손으로 찢어줍니다.

2 대파는 줄기 부분을 길게 잘라 채 썰어줍니다. 찬물에 담가 씻어준 다음 물기
를 빼줍니다.

3 간단 밑반찬무침 양념장1을 넣고 무쳐주면 됩니다.

간단 밑반찬무침 양념장1

병에 담아 냉장보관하면서 상추, 치커리, 양상추, 양파 등 부드러운 잎채소의 겉절이 양념장으로 쓰면 좋습니다.

|재료|

진간장
5스푼

식초
6스푼

올리고당
5스푼

물
10스푼

다진 마늘
1스푼

참기름
1스푼

|방법|

재료를 모두 섞어줍니다.

• 마늘은 칼로 잘게 다져주면 양념장이 깔끔해집니다.
• 올리고당 대신 물엿, 매실청으로 대체해도 됩니다.
• 매실청으로 대체할 때에는 식초 1스푼을 빼는 것이 좋습니다.

무침 양념장

부추무침

 | 재료 | 접시(중) 1개

☐ 부추 1줌(150g)
☐ 간단 밑반찬무침 양념장2 3스푼
☐ 통깨 4스푼

 | 방법 |

1 부추는 누런 잎을 떼어내고 씻어줍니다.

2 부추의 물기를 뺀 후 4cm 길이로 잘라줍니다.

3 간단 밑반찬무침 양념장2를 넣고 무친 후 통깨를 넉넉히 뿌려줍니다.

28

간단 밑반찬무침 양념장2

오리고깃집에 가면 나오는 부추무침을 집에서 만들
수 있습니다.

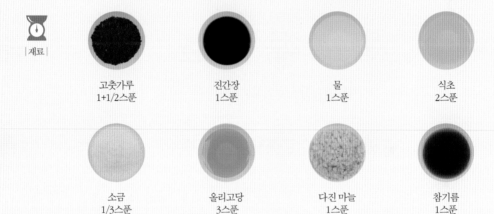

| 재료 |

고춧가루
1+1/2스푼

진간장
1스푼

물
1스푼

식초
2스푼

소금
1/3스푼

올리고당
3스푼

다진 마늘
1스푼

참기름
1스푼

| 방법 |

1 참기름을 빼고 재료를 모두 섞어줍니다.

2 마지막에 참기름을 넣어줍니다.

무침 양념장

풋고추무침

 |재료|500ml 1통

☐ 풋고추 15개
☐ 간단 밑반찬무침 양념장3 3스푼

 |방법|

1 풋고추를 씻어서 물기를 빼줍니다.
2 간단 밑반찬무침 양념장3을 넣고 무쳐줍니다.

간단 밑반찬무침 양념장3

식당 반찬으로 자주 볼 수 있는 풋고추무침을 집에
서 만들 수 있습니다.

|재료|

된장
4스푼

올리고당
2스푼

참기름
1/2스푼

통깨
1스푼

다진 마늘
1/2스푼

|방법|

1 참기름과 통깨를 빼고 재료를 모두 섞어줍니다.

2 마지막에 통깨와 참기름을 넣어줍니다.

CHAPTER 2

세상 쉬운
비빔 양념장

요리가 세상 쉬운 양념장

◆

양파건새우덮밥(건새우장)

소고기볶음비빔밥(소고기볶음고추장)

호박잎쌈밥(청양고추양념장)

양파간장달걀비빔밥(양파장)

달래비빔밥(달래장)

짜장덮밥(짜장)

무밥(부추양념장)

◆

비빔 양념장

양파건새우덮밥

· 양념장 ·
건새우장

|재료| 1인분

- 건새우장
- 양파 큰 것 1개
- 설탕 1스푼
- 식초 1스푼
- 소금 1/2스푼
- 고춧가루 1스푼
- 진간장 1/2스푼

|방법|

1 양파는 채 썰고 체에 밭쳐서 흐르는 물에 조물조물 씻어 매운맛을 빼줍니다.

2 설탕, 식초, 소금을 넣고 주물러서 소금이 배면 건새우장, 고춧가루, 진간장을 넣고 무쳐줍니다.

건새우장

짭짤하게 만들어서 냉장고에 넣어두고 밑반찬으로
먹어도 좋아요.

| 재료 |
300ml

건새우가루
1종이컵

다진 청양고추
4스푼

다진 마늘
2스푼

다진 대파
1/2종이컵

멸치액젓
1소주잔

물
3스푼

| 방법 |

1 팬에 재료를 모두 넣고 약불에 올립니다.

2 살짝 끓이고 식혀서 통에 담아줍니다.

• 짠맛을 더 줄이고 싶다면 물을 조금 더 넣어도 됩니다.

• 아이에게 해줄 때에는 청양고추를 빼주세요.

비빔 양념장

소고기볶음비빔밥

· 양념장 ·
소고기볶음고추장

 |재료| 4인분

- □ 콩나물 200g
- □ 무 200g
- □ 시금치, 고사리, 도라지 각각 100g
- □ 달걀 2개
- □ 애호박 1/2개
- □ 표고버섯 4개
- □ 소금, 국간장, 참기름, 통깨
  각각 적당량
- □ 소고기볶음고추장 1스푼

 |방법|

1 냄비에 물 500ml, 콩나물, 무를 넣고 끓이다가 국간장 1스푼과 소금 약간으로 간합니다. 나중에 건더기는 건져서 비빔밥에 사용합니다.

2 삶은 시금치는 소금 3꼬집, 참기름 약간, 통깨 약간을 넣고 무쳐줍니다.

3 식초 2방울을 섞은 물 1L에 30분 담가 쓴물을 뺀 도라지, 삶은 고사리, 애호박, 표고버섯을 먹기 좋은 크기로 잘라 프라이팬에 참기름 1/2스푼을 두르고 따로따로 볶아줍니다. 소금과 통깨를 뿌려 마무리합니다.

4 밥에 준비된 재료를 예쁘게 돌려 담고 소고기볶음고추장을 올려줍니다.

소고기볶음고추장

통에 담아 냉장보관해두고 밥맛없을 때 집에 있는
나물을 넉넉히 넣고 비빔밥을 해 먹으면 좋습니다.

|재료|
300ml

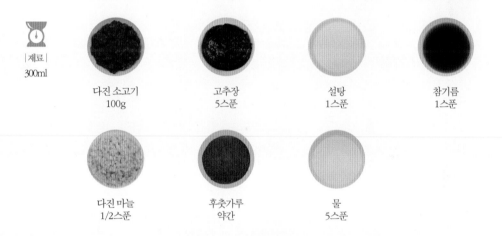

다진 소고기
100g

고추장
5스푼

설탕
1스푼

참기름
1스푼

다진 마늘
1/2스푼

후춧가루
약간

물
5스푼

|방법|

1 달궈진 팬에 참기름을 두르고 소고기, 후춧가루, 마늘을 넣어 함께 볶아줍니다.

2 소고기가 익으면 설탕을 넣고 바싹 볶아줍니다.

3 고추장과 물을 넣고 끓이듯이 볶아줍니다.

비빔 양념장

호박잎쌈밥

 |재료| 4인분

☐ 호박잎 1묶음
☐ 청양고추양념장 3스푼

 |방법|

1 호박잎은 줄기를 까서 씻어줍니다.

2 찜기에 물을 넣고 채반에 호박잎을 얹어서 5분 정도 찝니다.

3 호박잎이 살짝 식으면 청양고추양념장으로 쌈을 싸서 먹으면 됩니다.

청양고추양념장

양배추잎, 깻잎, 우엉잎을 쪄서 쌈밥으로 먹을 때
어울리는 양념장입니다. 콩나물밥, 곤드레밥에 비
벼 먹어도 좋고 만두나 전을 찍어 먹어도 좋습니다.
찌개를 끓일 때 1스푼 넣으면 찌개 맛이 한층 더 좋
아집니다.

|재료|
150ml

다진 청양고추
10스푼

멸치액젓
3스푼

국간장
2스푼

물
1소주잔

|방법|

재료를 냄비에 모두 담고 한 번 끓여줍니다.

- 청양고추 양이 많을 땐 손이 매울 수 있으니 믹서로 굵게 다져줍니다.
- 매운 게 싫다면 청양고추 양을 줄이고 피망이나 안 매운 고추를 섞어 만들어도 됩니다.
- 간 멸치, 된장, 다진 양파, 다진 대파 등을 추가해도 맛있습니다.

비빔 양념장

양파간장달걀비빔밥

 |재료| 1인분

☐ 양파장 2스푼
☐ 달걀 2개

 |방법|

1 달걀 2개로 스크램블을 만들어줍니다.

2 밥 위에 달걀스크램블과 양파장을 담습니다.

40

양파장

양파장은 잘 상하지 않기 때문에 냉장보관하면 오래 사용 가능합니다. 반찬으로 먹어도 되고 곤드레밥, 콩나물밥, 굴무밥 등 비빔밥 양념장으로도 잘 어울립니다.

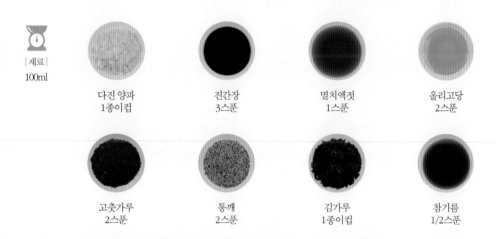

|재료|
100ml

다진 양파
1종이컵

진간장
3스푼

멸치액젓
1스푼

올리고당
2스푼

고춧가루
2스푼

통깨
2스푼

김가루
1종이컵

참기름
1/2스푼

|방법|

1 참기름을 빼고 재료를 모두 섞어줍니다.

2 마지막에 참기름을 넣어줍니다. 30분쯤 지나면 양파에서 물이 생겨서 촉촉해집니다.

• 생김일 경우 살짝 구워 부셔서 사용하고, 조미김도 가능합니다.

비빔 양념장

달래비빔밥

· 양념장 ·

달래장

 |재료| 1인분

□ 밥 1공기
□ 달걀 1개
□ 김가루 약간
□ 달래장

 |방법|

맨밥에 달걀프라이를 얹고 달래장을 넣어 김가루를 뿌리고 비벼 먹습니다.

42

달래장

곤드레밥, 밤밥, 콩나물밥, 무밥, 굴밥 등을 비벼 먹으면 맛있습니다. 부추전, 감자전 등 전이나 두부를 부쳐 찍어 먹을 때도 잘 어울립니다.

|재료|
150ml

달래
50g(마트용 1타래)

진간장
6스푼

생수
6스푼

고춧가루
3스푼

올리고당
2스푼

식초
1스푼

깨소금
2스푼

참기름
1스푼

|방법|

1 달래를 손질해서 깨끗하게 씻어줍니다.

2 달래의 굵은 뿌리는 두드려 잘라내고 1cm 간격으로 잘라줍니다.

3 참기름, 깨소금을 빼고 재료를 모두 섞어줍니다.

4 마지막에 참기름과 깨소금을 넣어줍니다.

• 달래는 땅에서 캐낸 다음 물로 한 번 씻어서 포장되기 때문에 잎이 무를 수 있습니다. 물러진 잎이나 뿌리를 뜯어냅니다. 뿌리 가운데 둥글고 까맣게 생긴 묵은 뿌리를 떼어냅니다.
• 10일 정도 냉장보관이 가능합니다.

짜장덮밥

· 양념장 ·

짜장

|재료| 1인분

□ 짜장
□ 밥 1공기

|방법|

1 식용유와 춘장을 넣고 아주 약한 불에서 타지 않도록 주의하며 3분 정도 볶아줍니다. 돼지고기는 잘게 썰고 감자, 양파, 양배추, 당근은 비슷한 크기로 깍둑썰기를 해줍니다.

2 궁중팬에 볶은 춘장 2스푼을 넣고 돼지고기를 바싹 볶아줍니다.

3 설탕 1스푼, 굴소스 1스푼을 넣고 설탕 누린 맛이 날 때까지 볶아줍니다. 손질한 채소를 넣고 볶다가 물 400ml를 부어줍니다.

4 약불에서 감자가 익을 때까지 끓여준 후 전분물 2스푼을 넣어 농도를 맞춰줍니다.

짜장

면에 얹으면 짜장면이 됩니다. 이때 뜨거운 물에서
면을 건져 바로 짜장에 비벼야 해요. 찬물에 면을
헹구면 짜장이 겉돌게 됩니다.

| 재료 |
500ml

춘장
150g(시판용 1/2봉지)

식용유
1/2종이컵

잘게 썬 돼지고기
200g

깍둑 썬 감자
1종이컵

깍둑 썬 양파
1종이컵

깍둑 썬 양배추
3종이컵

깍둑 썬 당근
1/2종이컵

굴소스
1스푼

설탕
1스푼

전분물
(전분가루 1스푼 + 물 2스푼)

| 방법 |
짜장덮밥 레시피를 참조하세요.

 • 기름이 적당히 붙은 돼지고기로 만들면 더 풍미 있는 짜장이 돼요.

무밥

 |재료| 2~3인분

☐ 무 300g
☐ 쌀 1+1/2종이컵
☐ 다시마 1조각
☐ 부추양념장

 |방법|

1 무를 채 썰어줍니다. 너무 가늘지 않게 주의합니다.

2 씻은 쌀, 채 썬 무, 다시마 1조각을 넣고 물을 부어 밥을 앉혀줍니다.

3 완성된 밥과 부추양념장을 함께 냅니다.

부추양념장

콩나물밥, 굴밥, 곤드레밥 등 비빔밥에 잘 어울립니다. 잔치국수나 칼국수 양념장으로도 좋고, 전을 찍어 먹어도 좋습니다.

|재료|
100ml

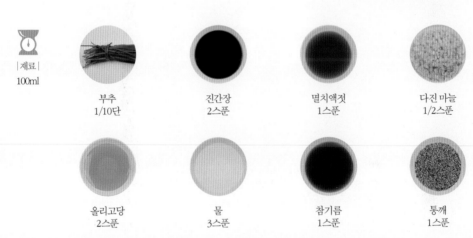

부추
1/10단

진간장
2스푼

멸치액젓
1스푼

다진 마늘
1/2스푼

올리고당
2스푼

물
3스푼

참기름
1스푼

통깨
1스푼

|방법|

1 부추는 다듬어서 3cm 길이로 잘라줍니다.

2 참기름과 통깨를 빼고 재료를 모두 섞어줍니다.

3 마지막에 참기름과 통깨를 넣어줍니다.

CHAPTER 3

세상 쉬운
조림 양념장

요리가 세상 쉬운 양념장

땅콩조림(간장 조림 양념장1)

간장 닭강정(간장 조림 양념장2)

매콤 닭강정(매콤 조림 양념장)

달걀장조림(장조림 양념장)

간장게장(간장게장 양념장)

양념게장(양념게장 양념장)

깻잎 장아찌(간장 장아찌 양념장)

오이피클(피클 양념장)

치자 단무지(단무지 양념장)

간단 오이지(일반 장아찌 양념장)

조림 양념장

땅콩조림

 |재료| 500ml 1통

□ 마른 땅콩 300g(3종이컵)
□ 간장 조림 양념장1 260ml

 |방법|

1 마른 땅콩을 씻어서 물에 3시간 정도 불려줍니다.

2 불린 땅콩을 끓는 물에 데처 땅콩에서 기름을 빼줍니다.

3 땅콩을 건져서 냄비에 넣고 간장 조림 양념장1을 넣어 작은 약불에서 조려줍
니다. 양념장과 땅콩이 어우러지고 윤기 날 때까지 조려줍니다.

간장 조림 양념장1

딱딱한 재료를 충분히 불려서 넣고 뭉근히 끓이는 양념장으로 쓰면 좋습니다. 북어조림, 연근조림, 메추리알조림. 마른 노가리조림 등 간장조림에 활용할 수 있습니다.

| 재료 |

물
1종이컵

진간장
4스푼

올리고당
4스푼

| 방법 |

재료를 모두 섞어줍니다.

 • 너무 조리면 땅콩이 딱딱해질 수 있으니 보면서 적당하게 조려주세요.

조림 양념장

간장 닭강정

· 양념장 ·
간장 조림 양념장2

 |재료| 접시(중) 1개

□ 닭 살코기(닭정육) 300g
□ 전분가루 5스푼
□ 밀가루 1스푼
□ 후춧가루 약간
□ 소금 약간
□ 맛술 1소주잔
□ 통깨 1스푼
□ 간장 조림 양념장2 3/4종이컵

 |방법|

1 닭고기는 살코기로 준비합니다.

2 조각 닭정육은 한입 크기로 썰어주고 맛술 3스푼, 소금 약간, 후춧가루 약간
   뿌려 10분간 재웁니다.

3 2에 전분가루와 밀가루를 뿌려 골고루 섞어줍니다. 잠시 후 수분이 생겨서
   가루가 살짝 젖어듭니다.

4 팬에 기름을 붓고 달궈지면 마른 가루를 기름에 조금 넣어보고 가루가 바로
   떠오르면 닭고기를 넣고 튀겨냅니다. 바싹하게 한 번 더 튀겨냅니다.

5 튀긴 닭고기를 간장 조림 양념장2로 버무리고 통깨를 뿌려줍니다.

간장 조림 양념장2

연근 강정, 코다리 간장 강정 등 다양하게 활용
가능한 양념장입니다.

 |재료|

진간장
5스푼

물
2종이컵

맛술
3스푼

올리고당
4스푼

후춧가루
약간

참기름
1스푼

다진 마늘
1스푼

|방법|

1 참기름을 빼고 재료를 모두 섞어줍니다.

2 약불로 2분 정도 졸여줍니다.

3 마지막에 참기름을 넣고 섞어줍니다.

• 생강즙 1스푼을 넣어도 좋습니다.

조림 양념장

매콤 닭강정

 |재료| 접시(중) 1개

☐ 조각 닭정육 300g
☐ 녹말가루 1종이컵
☐ 식용유 4종이컵
☐ 매콤 조림 양념장 1종이컵
☐ 통깨 1스푼

 |방법|

1 닭 살코기를 물에 한 번 헹궈준 다음 소주나 맛술 1소주잔, 소금 약간, 후춧가루 약간을 섞어서 10분간 재어둔다.

2 재운 고기에 녹말 1종이컵과 밀가루 1스푼을 뿌려서 골고루 섞어둡니다. 마른 가루가 젖어듭니다.

3 녹말가루 바른 고기를 튀겨줍니다. 더 바싹한 식감을 원하면 한 번 더 튀깁니다.

4 튀긴 닭고기를 매콤 조림 양념장으로 버무리고 통깨를 뿌려줍니다.

매콤 조림 양념장

양념치킨, 코다리강정, 연근강정 등 다양하게 활용
가능한 양념장입니다.

진간장
6스푼

고추장
1스푼

고춧가루
2스푼

토마토케첩
2스푼

올리고당
1+1/2소주잔(8스푼)

다진 마늘
2스푼

다진 청양고추
4스푼

식초
1스푼

후춧가루
1/2스푼

물
2소주잔

참기름
1스푼

1 참기름을 빼고 재료를 모두 섞어줍니다.

2 약한 불에서 3분 정도 졸여줍니다. 걸쭉해지면 마지막에 참기름을 섞어줍니다.

• 조각 닭정육은 치킨가게에서 순살치킨이나 닭강정으로 사용하는 고기입니다. 튀겼을 때 잘 익고 식감이 부
  드럽고 맛있습니다.
• 조각 닭정육 대신 뼈 있는 닭고기나 닭가슴살로 해도 됩니다.

조림 양념장

달걀장조림

· 양념장 ·
장조림 양념장

 |재료| 1L 1통

□ 장조림 양념장 260ml
□ 삶은 달걀 10개

 |방법|

1 달걀은 물이 끓을 때 조심해서 넣어 삶습니다. 반숙은 7분, 완숙은 13분으로 삶으면 됩니다. 찬물에 담가서 좀 식힌 다음에 껍질을 벗겨놓습니다.

2 장조림 양념장을 통에 넣고 껍질 벗긴 삶은 달걀을 넣습니다. 30분 후에 드시면 됩니다.

장조림 양념장

아이에게 해줄 때에는 매운 고추를 뺀 양념에 삶은
메추리알을 넣고 조립니다.

| 재료 |

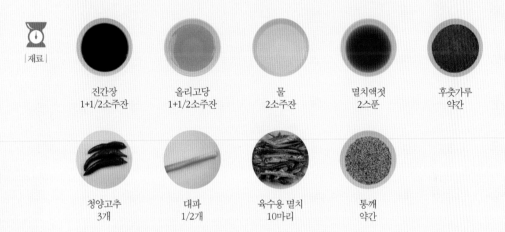

진간장
1+1/2소주잔

올리고당
1+1/2소주잔

물
2소주잔

멸치액젓
2스푼

후춧가루
약간

청양고추
3개

대파
1/2개

육수용 멸치
10마리

통깨
약간

| 방법 |

1 대파는 동그랗게 송송 썰어줍니다. 고추도 잘게 썰어줍니다.
2 육수용 멸치는 내장과 머리를 떼어내고 접시에 담아 전자레인지에 30초 정도 돌려서
   비린 맛을 제거합니다.
3 준비된 재료를 모두 섞어줍니다.

조림 양념장

간장게장

· 양념장 ·

간장게장 양념장

 |재료| 1L 1통

☐ 꽃게 작은 것 4마리
☐ 통마늘 5쪽
☐ 대파 작은 것 1/2뿌리
☐ 청양고추 4개
☐ 간장게장 양념장 4종이컵

 |방법|

1 살아있는 게를 냉동실에 몇 시간 넣었다가 빼서 깨끗하게 씻어줍니다.

2 마늘은 슬라이스로, 대파와 청양고추는 동그랗게 송송 썰어서 준비합니다.

3 손질한 꽃게, 마늘, 대파, 청양고추를 통에 담고 간장게장 양념장을 붓고 뚜껑을 덮어 놓습니다. 이때 게가 간장 속에 완전히 잠겨야 합니다.

4 냉장고에 넣고 3~4일 후에 드시면 됩니다. 게를 토막 내서 담으면 2일 후 드실 수 있어요.

간장게장 양념장

게장, 새우장, 연어장 등을 만들 때 잘 어울립니다.
해산물은 잘 상하기 때문에 좀 짠 듯한 양념에 절여
서 숙성해야 맛있습니다. 싱거우면 오히려 비린내
가 많이 납니다.

| 재료 |

진간장
1+1/2종이컵(260ml)

올리고당
1/2종이컵

맛술
4스푼

멸치액젓
1소주잔

물
1+1/2종이컵

생강즙
3스푼

| 방법 |

재료를 모두 섞어줍니다.

- 냉동 게로 게장을 담을 경우에는 냉동 상태가 잘
  된 것을 골라 해동시키지 말고 그대로 씻어서 녹
  기 전에 게장 간장에 넣습니다.
- 완성된 게장은 냉장고에서 보관하면서 4~5일 안
  에 먹는 게 좋습니다. 그 안에 다 못 먹을 경우에
  는 냉동실에 보관해두었다 자연해동하여 먹으면
  됩니다.

- 짠맛을 조금 줄이고 싶으면 멸치액젓 양으로 조
  절합니다.
- 게장이나 새우장 등은 냉장고에 오래 보관할 수
  없습니다.
- 조금씩 만들어 먹을 땐 간장을 꼭 끓이지 않아도
  됩니다.

조림 양념장

양념게장

 |재료| 1.5L 1통

□ 살아있는 게 1kg
　(손질한 꽃게 800g)
□ 양념게장 양념장 1+1/2종이컵
□ 통깨 1/2종이컵

 |방법|

1 살아있는 게 1kg을 준비해 껍질 빼고 다듬으면 800g 정도 됩니다. 손질한 게
　를 먹기 좋게 잘라줍니다.
2 손질한 게를 양념게장 양념장으로 버무려줍니다.
3 마지막에 통깨를 넣어줍니다.

양념게장 양념장

양파를 갈아 넣어서 많이 달지 않으면서 게의 비린
맛을 잡아주어 매콤하면서 개운한 맛입니다.

 |재료|

고춧가루
1+1/2종이컵

올리고당
2소주잔

진간장
2+1/2소주잔

멸치액젓
1소주잔

다진 마늘
1종이컵

청양고추
7개

양파
작은 것 1/2개

대파
1/2개

다진 생강
1스푼

후춧가루
1/2스푼

 |방법|

1 양파, 대파, 청양고추는 믹서로 함께 갈아줍니다.

2 마늘은 다지거나 믹서로 갈아줍니다.

3 재료를 모두 섞어줍니다.

• 손질한 냉동 게로 만들어도 괜찮습니다. 다만 잡아서 바로 급속 냉동한 것을 사야 합니다.
• 양념게장은 나누어 담아 냉동보관하는 게 좋습니다. 냉장 상태라면 3일 안에 먹어야 합니다.

깻잎 장아찌

· 양념장 ·
간장 장아찌 양념장

 |재료| 300ml 1통

☐ 깻잎 3단
☐ 간장 장아찌 양념장 적당량

 |방법|

1 깻잎은 물에 20분 담가두었다가 씻어 물기를 빼줍니다.

2 깻잎에 간장 장아찌 양념장을 붓습니다.

3 아랫부분이 절여지면 깻잎을 뒤집어서 위아래가 고르게 절여지도록 해줍니다. 2시간 후 바로 먹을 수 있습니다.

간장 장아찌 양념장

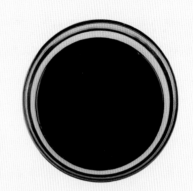

한입 크기로 썬 양파, 깻잎 등에 부어 몇 시간 혹은
하루 후에 먹습니다. 끓이지 않아도 식초가 들어갔
기 때문에 냉장 상태로 오래 보관할 수 있습니다.

|재료|

진간장
1소주잔

식초
2/3소주잔

올리고당
1소주잔

물
1~2소주잔

|방법|

재료를 모두 섞어줍니다.

- 장아찌 담글 재료가 두껍거나 딱딱할수록 물의 양은 작게 하고 연할수록 물의 양은 많이 합니다.
- 마늘장아찌같이 실온에 1년씩 두고 먹으려면 물 대신 소주를 사용합니다.
- 깻잎, 부추, 명이나물 등 얇은 잎으로 장아찌를 만들 땐 물을 2소주잔 넣습니다.
- 양파. 마늘종, 마늘 등 두꺼운 재료로 장아찌를 만들 땐 물을 1소주잔 넣습니다.
- 물엿 대신 매실청을 사용해도 됩니다. 매실청을 넣을 땐 식초의 양을 조금 빼줍니다.
- 간장 장아찌 양념장을 재활용하고 싶다면 양념장 재료를 조금 더 추가하거나 불에 올려 조금 졸여줍니다.

조림 양념장

오이피클

피클 양념장

 |재료| 1L 1통

☐ 오이 중간 것 3~4개
☐ 피클 양념장 700ml

 |방법|

1 오이피클 담을 병을 끓는 물에 소독합니다.

2 깨끗이 씻은 오이를 소독한 병에 담아줍니다.

3 팔팔 끓인 피클 양념장을 부어줍니다.

4 3시간 지나면 바로 드실 수 있습니다.

64

피클 양념장

무, 토마토, 브로콜리, 파프리카 등으로 피클을 담
가도 잘 어울리는 양념장입니다.

 |재료|

물
500ml

식초
1+1/2종이컵

소금
1+1/2스푼

설탕
1+1/2종이컵

피클링스파이스
1~2스푼

|방법|

1 모든 재료를 넣고 끓여줍니다.

2 피클링스파이스향이 우러나오면 체에 걸러줍니다.

• 오이피클이나 무피클에 비트 몇 조각을 넣으면
예쁜 핑크색을 낼 수 있습니다.

• 피클링스파이스는 계피. 크로브. 월계수잎. 정향.
후추 등 7가지 향신료를 모아놓은 것이기 때문
에 오이피클의 특유의 향을 내려면 꼭 넣어야 합
니다.

치자 단무지

 |재료| 500ml 1통

□ 무 500g
□ 단무지 양념장 240ml

 |방법|

1 무를 굵게 채 썰어줍니다. 무에서 물이 나와 단무지 양념장과 무의 양이 비슷해집니다.

2 24시간 정도 지나면 속까지 노란색이 배어 단무지가 됩니다.

단무지 양념장

치자꽃 열매 없이 생수로만 만들면 치킨무가 됩니다, 여기에 와사비를 섞어서 절이면 와사비무절임이 됩니다. 무를 얇게 슬라이스해서 단무지 양념장에 담가두면 무쌈이 됩니다. 와사비를 섞으면 와사비무쌈이 됩니다.

|재료|

치자꽃 열매
5개

물
1종이컵

소금
1+1/2스푼

뉴슈가
1/3스푼

설탕
3스푼

식초
1소주잔

|방법|

1 딱딱하게 마른 치자열매를 가위로 2등분해 따뜻한 물 1종이컵을 부어서 1시간 정도 둡니다. 노랗게 물이 우러나오면 체에 걸러줍니다.

2 볼에 1을 붓고 나머지 재료를 모두 섞어줍니다.

• 뉴슈가 대신 설탕으로 대체하려면 치자물의 양을 1/3 정도 줄이고 설탕은 1종이컵 넣으면 됩니다. 설탕이 들어가면 부피가 늘어나기 때문에 치자물을 줄여야 합니다.

CHAPTER 4

세상 쉬운
볶음 양념장

요리가 세상 쉬운 양념장

◆

소고기불고기(간장 불고기 양념장)

돼지불고기(고추장 불고기 양념장)

낙지볶음(해물볶음 양념장)

숙주나물볶음(나물볶음 양념장)

국물 떡볶이(떡볶이 양념장)

들깨순대볶음(들깨가루 양념장)

콩나물잡채(잡채 양념장)

◆

볶음 양념장

소고기불고기

· 양념장 ·

간장 불고기 양념장

 |재료| 접시(대) 1개

☐ 불고기용 소고기 600g
☐ 간장 불고기 양념장 2+1/3종이컵

 |방법|

1 불고기용 소고기는 물에 한 번 씻어 핏물을 뺍니다.

2 불고기 양념장 2+1/2종이컵으로 조물조물 주물러주고 냉장고에서 1시간 이상 숙성합니다.

3 프라이팬에 구워줍니다.

간장 불고기 양념장

소고기, 돼지고기, 닭고기, 오리고기 등으로 간장
맛의 불고기를 만들 때 좋은 양념장입니다. 양파가
고기 잡내를 잡아줍니다.

|재료|

양파 간 물
(양파 작은 것 1/2개+
물 1+1/2종이컵) 2종이컵

진간장
1소주잔

올리고당
1소주잔

다진 마늘
2스푼

맛술
3스푼

후춧가루
1/3스푼

참기름
2스푼

|방법|

재료를 모두 섞어줍니다. 2+1/2종이컵 정도가 됩니다.

• 간장 불고기 양념장으로 양념한 고기는 2일 이내에 먹어야 합니다. 그 이상 보관하려면 냉동보관합니다.
• 배나 과일을 갈아 넣거나 매실청을 추가해도 됩니다. 이때 올리고당 양은 줄입니다.
• 키위나 파인애플은 연육작용이 심해져 고기가 풀어질 수 있으니 주의합니다.

볶음 양념장

돼지불고기

고추장 불고기 양념장

 |재료| 접시(대) 1개

☐ 불고기용 돼지고기 600g

☐ 대파 1/2뿌리

☐ 청양고추 5개

☐ 고추장 불고기 양념장 1+1/2종이컵

 |방법|

1 불고기용 돼지고기와 고추장 불고기 양념장을 모두 섞어서 주물러줍니다.

2 프라이팬에 볶을 때 대파와 청양고추도 어슷하게 썰어서 넣습니다.

고추장 불고기 양념장

돼지고기, 소고기, 닭고기, 오리고기 등으로 매콤한
맛의 불고기를 만들 때 좋은 양념장입니다.

|재료|

다진 양파
1종이컵

진간장
1소주잔

올리고당
1소주잔

고추장
1스푼

고춧가루
2스푼

다진 마늘
2스푼

후춧가루
1/3스푼

맛술이나 소주
3스푼

참기름
2스푼

|방법|

재료를 모두 섞어줍니다.

- 고추장 불고기 양념장으로 양념한 고기는 2일 이내에 먹어야 합니다. 그 이상 보관하려면 냉동보관합니다.
- 배나 과일을 갈아 넣거나 매실청을 추가해도 됩니다. 이때 올리고당 양은 줄입니다.
- 키위나 파인애플은 연육작용이 심해져 고기가 풀어질 수 있으니 주의합니다.

낙지볶음

 |재료| 접시(중) 1개

☐ 냉동낙지 2마리(400g)
☐ 대파 1/2뿌리
☐ 양파 1/2개
☐ 양배추 1장
☐ 청양고추 3개
☐ 식용유 2스푼
☐ 해물볶음 양념장 3/4종이컵

 |방법|

1 해동한 낙지는 머리 쪽을 뒤집어서 내장을 떼어낸 후 밀가루로 치대며 씻어줍니다. 굵은 소금 2스푼으로 한 번 더 치대어 씻어주고 먹기 좋게 잘라줍니다.

2 대파와 청양고추는 어슷썰기하고 양파는 채 썰기하고 양배추는 먹기 좋은 크기로 잘라줍니다.

3 프라이팬에 낙지를 넣고 살짝 볶아줍니다.

4 채소를 전부 넣어서 볶아줍니다.

5 해물볶음 양념장을 넣고 볶아줍니다.

해물볶음 양념장

낙지, 쭈꾸미, 오징어 등을 볶을 때 잘 어울리는
양념장입니다.

|재료|

고추장
2스푼

고춧가루
2스푼

진간장
1스푼

맛술
2스푼

다진 마늘
1스푼

소금
1/2스푼

설탕
2스푼

녹말가루
1스푼

후춧가루
약간

참기름
적당량

통깨
약간

|방법|

재료를 모두 섞어줍니다.

볶음 양념장

숙주나물볶음

 |재료| 2인분

☐ 숙주 1봉지(250g)
☐ 대파, 부추 등 푸른잎 약간
☐ 당근 약간
☐ 식용유 2스푼
☐ 나물볶음 양념장 4스푼

 |방법|

1 숙주나물은 털어서 녹두콩껍질을 제거한 후 씻어서 물기를 빼줍니다.

2 대파는 가늘게 어슷썰기하고 당근은 채 썰기합니다.

3 프라이팬에 식용유를 약간 두르고 숙주, 대파, 당근을 넣고 살짝 볶습니다.

4 숙주가 숨이 죽지 않게 재빨리 나물볶음 양념장을 넣고 버무려서 내놓습니다.

나물볶음 양념장

숙주나물, 콩나물처럼 물이 생기는 나물을 볶을 때 나오는 물기를 카레가루가 잡아줍니다. 나물을 볶아 밥 위에 올려 먹으면 맛있는 한그릇 요리가 됩니다.

 |재료|

고춧가루
1스푼

다진 마늘
1/2스푼

진간장
2스푼

카레가루
2스푼

올리고당
1스푼

후춧가루
약간

 |방법|

재료를 모두 섞어줍니다.

볶음 양념장

국물 떡볶이

· 양념장 ·
떡볶이 양념장

 |재료| 3인분

□ 떡볶이떡 600g
□ 기본 멸치 육수(87쪽 참조) 2종이컵
□ 떡볶이 4스푼

 |방법|

1 떡볶이는 하나씩 떼어서 한 번 헹궈줍니다.

2 기본 멸치 육수에 떡과 떡볶이 양념장을 넣고 끓여줍니다.

떡볶이 양념장

떡볶이 외에 라면이나 당면을 따로 삶아 양념장에 넣고 끓여 '면볶이'로 즐겨도 좋은 양념장입니다. 양배추, 무를 채 썰어서 '채소볶이'를 만들어도 별미입니다.

|재료|

진간장
1+1/2스푼

고추장
2스푼

설탕
2스푼

다진 마늘
약간

후춧가루
1/2스푼

|방법|

재료를 모두 섞어줍니다.

볶음 양념장

들깨순대볶음

 |재료| 접시(중) 1개

☐ 순대 500g
☐ 양배추 100g
☐ 양파 작은 것 1개
☐ 청양고추 2개
☐ 대파 1/2뿌리
☐ 들깨가루 양념장 4스푼
☐ 다진 마늘 1/2스푼
☐ 후춧가루 약간

 |방법|

1 순대를 3cm 길이로 잘라줍니다. (너무 짧으면 풀릴 수 있어요.)

2 대파는 어슷썰기하고 양파, 양배추는 굵게 채썰기 합니다.

3 식용유 2스푼을 넣고 대파 먼저 볶다가 파향이 나면 다진 마늘, 양파, 양배추를 넣고 살짝 볶아줍니다.

4 순대를 넣고 볶다가 청양고추를 넣어주고 순대가 말랑해지면 들깨가루 양념장을 넣고 섞어줍니다.

5 마지막에 후춧가루를 살짝 뿌려줍니다.

들깨가루 양념장

순대볶음, 버섯볶음, 토란나물볶음, 고사리볶음, 나물볶음 등을 만들 때 넣으면 좋은 양념장입니다. 냉장보관해두고 그때그때 활용해보세요.

 |재료|

들깨가루
1종이컵

천연조미료(226쪽 참조)
2스푼

고운 소금
1/3스푼

 |방법|

재료를 모두 섞어줍니다.

- 얼렸다 녹인 순대나 굳어 있는 순대를 썰면 찢어질 수 있습니다. 순대는 쪄서 익히고 식으면 썰어주세요.
- 순대는 아주 약한 불에서 천천히 찝니다.

콩나물잡채

· 양념장 ·
잡채 양념장

 |재료| 접시(중) 1개

□ 당면 300g
□ 콩나물 100g
□ 납작어묵 2장
□ 맛살 3줄
□ 당근 약간
□ 양파 1개
□ 부추 약간
□ 잡채 양념장 적당량

 |방법|

1 콩나물은 끓는 물에서 2분 삶고 찬물에 헹굽니다. 어묵, 당근, 양파는 4~5cm 길이로 채 썰어놓습니다.

2 맛살은 길게 찢어서 4등분합니다. 부추도 비슷한 길이로 자릅니다.

3 프라이팬에 식용유를 몇 스푼 넣고 어묵과 맛살을 볶아주면서 잡채 양념장을 넣어 간하고 따로 담아놓습니다.

4 당근, 양파, 부추를 넣고 볶다가 콩나물과 잡채 양념장을 넣어서 간합니다.

5 기름 3스푼 넣은 프라이팬에 삶은 당면을 볶고 잡채 양념장을 몇 스푼 섞어 줍니다. 모든 볶은 재료를 섞어주면서 잡채 양념장을 넣어가며 간합니다.

잡채 양념장

잡채 양념장을 기본으로 하고 요리를 만들면서
간을 맞춥니다.

|재료|
180ml

| 진간장 | 올리고당 | 참기름 | 후춧가루 |
| 1소주잔 | 1/2소주잔 | 1스푼 | 약간 |

|방법|

재료를 모두 섞어줍니다.

· 채 썬 돼지고기, 다진 마늘을 추가해도 좋습니다. 이때 간은 잡채 양념장으로 합니다.
· 삶은 당면을 볶을 땐 찬물에 헹구지 않아야 불지 않습니다.
· 삶고 남은 잡채는 차갑게 식힌 다음에 밀폐통에 넣어 보관합니다.

CHAPTER 5

세상 쉬운
국물 양념장

요리가 세상 쉬운 양념장

잔치국수(기본 멸치 육수)

소고기뭇국(기본 다시마 육수)

된장국(기본 디포리 육수)

들깨뭇국(기본 채수)

차돌박이된장찌개(된장찌개 양념장)

해물순두부찌개(순두부찌개 양념장)

해물탕(해물찌개 양념장)

참치두부찌개(고추장찌개 양념장)

간장오이냉국(간장 냉국 양념장)

식초오이냉국(새콤한 냉국 양념장)

아구찜(해물찜 양념장)

국물 양념장

잔치국수

 |재료| 2인분

☐ 국수면 250g
☐ 오이 약간
☐ 달걀 1개
☐ 기본 멸치 육수 600ml
☐ 국간장 2스푼
☐ 멸치액젓 2스푼
☐ 참기름 1/2스푼

 |방법|

1 달걀은 흰자와 노른자를 나누어서 지단을 부쳐 채 썰어둡니다.

2 오이는 씻어서 채 썰기를 해둡니다.

3 기본 멸치 육수에 국간장, 멸치액젓, 참기름을 넣고 조금 짠듯하게 간을 맞춥니다.

4 소면은 3분 정도 삶아줍니다. 삶은 면은 바로 찬물에 씻어줍니다.

5 그릇에 면을 담고 간을 맞춘 기본 멸치 육수를 부어주고 달걀과 오이채를 올려 냅니다.

기본 멸치 육수

멸치와 다시마만 넣어 진하게 끓이는 육수입니다.

|재료|
1.5L

물
2L

육수용 멸치
3종이컵

다시마
손바닥 크기 2~3장

|방법|

1 눅눅한 멸치는 말리고 내장과 머리는 떼지 않고 그냥 다 씁니다.

2 다시마는 사용 전에 한 번 헹굽니다.

3 물 2L에 육수용 멸치와 다시마를 넣고 약불에서 끓여줍니다.

4 끓기 시작해서 10분 더 끓여줍니다. 1.5L 정도의 육수를 만듭니다. 육수가 너무 줄면
물을 추가해서 끓여줍니다.

5 육수 건더기는 건져내고 식혀서 통에 담습니다. 참기름과 통깨를 빼고 재료를 모두
섞어줍니다.

• 잔치국수에 매콤한 양념장을 넣어 먹고 싶으면
기본 멸치 육수로만 끓입니다.

• 냉장고에서 3~4일, 김치 냉장고에서 10일 보관 가
능합니다. 더 오래 보관하고 싶으면 500ml씩 플
라스틱통에 담아 냉동보관합니다.

• 멸치를 프라이팬에 볶거나 전자레인지에 돌려주
면 비린 맛이 덜합니다.

• 멸치 육수를 너무 오래 끓이면 국물이 탁해지고
비린 맛이 심해지므로 비싼 멸치로 오래 끓이는
것보다 저렴한 멸치를 넉넉히 넣고 그때그때 끓
이는 것이 좋습니다.

• 다시마는 잘게 잘라 넣으면 육수가 더 잘 우러납
니다. 다시마를 재활용한다면 자르지 않고 끓여
도 됩니다.

국물 양념장

소고기뭇국

 | 재료 | 4인분

☐ 국거리용 소고기(양지) 600g
☐ 무 400g
☐ 두부 1모
☐ 대파 약간
☐ 다진 마늘 1/2스푼
☐ 기본 다시마 육수 1.5L
☐ 물 2L
☐ 국간장 1스푼
☐ 소금 약간

 | 방법

1 무는 나박하게 썰고, 대파는 어슷하게 썰고, 두부는 네모 모양으로 썰어줍니다.

2 냄비에 소고기, 무, 마늘을 넣고 볶아줍니다. 소고기 겉면이 익으면 기본 다 시마 육수와 물을 넣고 약불에서 끓여줍니다.

3 소고기가 푹 익도록 아주 약한 불에서 40분 정도 끓입니다. 이때 국물이 너 무 졸면 육수와 물을 추가해도 됩니다.

4 두부를 넣고 한 번 더 끓이고 국간장과 소금으로 간합니다.

5 다진 대파를 넣고 마무리합니다.

기본 다시마 육수

다시마를 끓자마자 꺼내지 않고 푹 끓여 감칠맛 나
는 육수입니다. 대구지리탕, 아구지리탕 등 맑은 생
선국이나 일반 맑은 국물요리에 다 어울립니다.

|재료|
1.5L

물
2L

다시마
손바닥 크기 4장

|방법|

1 다시마는 물에 한 번 헹굽니다.

2 물 2L에 다시마를 넣고 약한 불에서 서서히 끓여줍니다. 1.5L 정도의 육수를 만듭니
다. 끓고 나서 10~15분 푹 끓여서 진한 색의 육수를 냅니다.

3 육수가 너무 줄면 물을 추가해서 끓여줍니다.

• 소고기는 물로만 끓이는 것보다 다시마 육수나 멸치 육수를 물과 반반 섞어 끓이면 감칠맛이 나서 맛있습
니다.

국물 양념장

된장국

· 양념장 ·

기본 디포리 육수

 |재료| 2인분

□ 된장 3스푼
□ 고춧가루 1스푼
□ 애호박 1/4개
□ 대파 1/2뿌리
□ 양파 1/2개
□ 풋고추 2개
□ 두부 1/2모
□ 기본 디포리 육수 600ml

 |방법|

1 부는 한입 크기로 네모나게 썰고 대파와 풋고추는 동그랗게 썰어줍니다.

2 양파는 채 썰고 애호박은 반달 모양으로 납작하게 썰어줍니다.

3 기본 디포리 육수에 된장과 고춧가루를 풀어서 냄비에 넣고 끓여줍니다. 이
   때 간을 보며 된장은 더하거나 뺍니다.

4 국물이 끓으면 양파, 애호박, 풋고추, 두부를 넣습니다. 한번 끓어오르면 완
   성입니다.

기본 디포리 육수

디포리와 다시마만 넣어 진하게 끓이는 육수로 국
물요리, 찌개요리에 어울립니다. 멸치 육수보다 좀
더 담백한 맛이 납니다.

|재료|
1.5L

물
2L

디포리
2종이컵

다시마
손바닥 크기 1+1/2장

|방법|

1 눅눅한 디포리는 말리고 내장과 머리는 떼지 않고 그냥 다 씁니다.

2 물 1L에 다시마와 디포리를 넣고 약불로 끓입니다.

3 끓기 시작하고 15분 정도 더 끓인 뒤에 바로 건더기를 건져냅니다.

4 1.5L 정도의 육수를 만듭니다. 육수가 너무 줄면 물을 추가해서 끓여줍니다.

• 디포리의 비린 맛이 걱정되면 전자레인지에 1분 정도 돌려준 후 끓입니다.

• 다시마를 중간에 건져내지 않고 계속 끓이면 더 맛있습니다.

• 냉장고에서 3~4일, 김치 냉장고에서 10일 보관 가능합니다. 더 오래 보관하고 싶으면 500ml씩 플라스틱통
  에 담아 냉동보관합니다.

국물 양념장

들깨뭇국

· 양념장 ·

기본 채수

 |재료|4인분

☐ 무 200g

☐ 들깨가루 3스푼

☐ 달걀 1개

☐ 다진 대파 약간

☐ 참기름이나 들기름 1스푼

☐ 국간장 1스푼

☐ 소금 약간

☐ 기본 채수 1.5L

 |방법|

1 무는 채 썰어둡니다.

2 달걀은 따로 그릇에 풀어둡니다.

3 냄비에 참기름 1스푼 넣고 무를 볶아줍니다. 무의 숨이 죽으면 기본 채수를
  넣어줍니다.

4 끓으면 들깨가루를 넣고 무가 익을 때까지 끓입니다.

5 달걀 푼 것을 둘러주고 다진 대파를 넣고 국간장과 소금으로 간합니다.

기본 채수

맛이 깔끔해서 비린 맛이 싫거나 고기를 못 먹는 사람에게 좋습니다. 일반 육수 대신 사용할 수 있습니다.

| 재료 |
| 2L |

양파
1/2개

양파껍질
약간

대파
1뿌리

당근
약간

토마토
1/2개

다시마
손바닥 크기 2장

물
3L

| 방법 |

1 양파껍질은 깨끗하게 씻어줍니다.

2 대파와 토마토는 몇 조각으로 잘라줍니다. 대파에 뿌리가 달려 있으면 제거하지 않고 그대로 사용합니다.

3 당근은 슬라이스합니다.

4 물 3L에 준비한 채소를 넣고 약한 불에서 끓입니다. 2L가 될 때까지 20분 정도 푹 끓여줍니다.

• 달걀은 취향에 따라 안 넣어도 됩니다.

• 채수를 끓이고 건져낸 건더기는 양파껍질만 빼고 다른 요리에 사용해도 됩니다.

국물 양념장

차돌박이된장찌개

· 양념장 ·
된장찌개 양념장

|재료| 2인분

☐ 두부 200g
☐ 차돌박이 150g
☐ 청양고추 2개
☐ 무 100g
☐ 물 500ml
☐ 된장찌개 양념장 5스푼

|방법|

1 두부는 먹기 좋은 크기로 자르고 청양고추는 어슷썰기하고 무는 사방 2cm 로 썰어줍니다.

2 냄비에 차돌박이를 넣고 중약불에서 볶다가 무를 넣어 볶아줍니다.

3 물을 붓고 된장찌개 양념장을 풀어서 끓여줍니다.

4 두부, 청양고추를 넣고 거품을 걷어내며 팔팔 끓입니다.

된장찌개 양념장

아주 간편하게 된장찌개를 만들 수 있는 양념장입
니다. 쌈장으로 활용해도 좋습니다.

|재료|

된장
2종이컵

고추장
4스푼

천연조미료(226쪽 참조)
2종이컵

다진 대파
2종이컵

다진 풋고추(청양고추)
1종이컵

다진 마늘
3스푼

기본 멸치 육수(87쪽 참조)
1종이컵

|방법|

1 재료를 모두 섞어줍니다.

2 기본 멸치 육수를 섞어가며 농도를 연하게 해줍니다.

• 고기기름은 걷어내고 드세요. 고기기름이 싫으면
불고기용 소고기로 끓여도 됩니다.

• 1개월간 냉장보관이 가능합니다.

국물 양념장

해물순두부찌개

 |재료|2인분|

□ 순두부 1봉지(400g)
□ 바지락 1줌
□ 냉동해물 믹스 2줌
□ 대파 송송 썬 것 1줌
□ 청양고추 2개
□ 기본 멸치 육수(87쪽 참조) 500ml
□ 순두부찌개 양념장 적당량
□ 소금 약간

 |방법|

1 순두부 봉지 가운데 잘라서 두부 모양이 흐트러지지 않게 냄비에 담고 멸치
   육수와 순두부찌개 양념장을 넣고 끓어줍니다.
2 국물이 끓으면 바지락과 해물 믹스를 넣어줍니다.
3 마지막 간은 소금으로 합니다.

순두부찌개 양념장

해물, 돼지고기 등 넣는 재료에 따라 이름이 달라지는 순두부찌개용 양념장입니다. 채소를 매콤하게 볶을 때도 잘 어울립니다.

 |재료|

고춧가루
2스푼

식용유
2스푼

다진 마늘
1스푼

멸치액젓
2스푼

국간장
1스푼

 |방법|

1 팬에 식용유를 둘러 약불에서 데우고 고춧가루 2스푼을 넣어 고추기름을 만듭니다. 체에 거르지 않고 그대로 사용합니다.

2 고추기름에 마늘, 멸치액젓, 국간장을 섞어줍니다.

 • 밀폐용기에 담아서 5일 정도 냉장보관이 가능합니다.

국물 양념장

해물탕

 |재료| 4인분

□ 모듬 해물 700g
  (꽃게, 조개류, 새우 등)
□ 깻잎 1묶음
□ 대파 1/2뿌리
□ 무 200g
□ 콩나물 100g
□ 해물찌개 양념장 4스푼
□ 소금 약간
□ 기본 멸치 육수(87쪽 참조) 1.5L

 |방법|

1 꽃게, 새우 등 해물을 깨끗하게 씻어둡니다. 새우는 내장을 제거해줍니다.

2 콩나물은 머리는 떼고 뿌리는 남겨두고 씻어줍니다.

3 무는 가로세로 4cm 크기로 납작하게 썰어줍니다.

4 대파와 깻잎은 씻어서 준비합니다.

5 냄비에 기본 멸치 육수, 무, 해물찌개 양념장의 반을 넣고 끓여줍니다.

6 국물이 끓으면 콩나물, 해물, 대파를 넣어줍니다.

7 남은 해물찌개 양념장을 넣습니다.

8 마지막에 깻잎을 잘라 넣고 소금으로 간합니다.

해물찌개 양념장

해물탕, 생선찌개 등 해물 국물요리에 어울리는
양념장입니다.

|재료|

고춧가루
3스푼

고추장
1스푼

다진 마늘
3스푼

국간장
1스푼

멸치액젓
2스푼

맛술
1스푼

생강즙
1스푼(생강가루 가능)

후춧가루
약간

|방법|

재료를 모두 섞어줍니다.

• 해물탕은 너무 오래 끓이지 않습니다. 끓고 나서
  10분 안에 마무리합니다.
• 무는 미리 넣어 익혀주고 콩나물은 너무 익히지
  않도록 주의합니다.

• 1주일간 냉장보관이 가능합니다.

국물 양념장

참치감자찌개

· 양념장 ·

고추장찌개 양념장

|재료| 2인분

- □ 참치캔 1캔(150g)
- □ 감자 중간 것 2개
- □ 양파 작은 것 1개
- □ 물 300ml
- □ 고추장찌개 양념장 2~3스푼

|방법|

1 감자는 껍질을 깎아 먹기 좋은 크기로 납작하게 잘라줍니다.

2 양파는 약간 굵게 채 썰어줍니다.

3 냄비에 감자, 양파, 참치를 넣고 물을 붓고 고추장찌개 양념장 2스푼을 넣고 끓여줍니다.

4 감자가 익을 때까지 약불에서 7~8분 끓여줍니다.

5 입맛에 따라 고추장찌개 양념장은 1스푼 더 넣습니다. 마지막 간은 소금으로 합니다.

고추장찌개 양념장

단맛은 넣지 않은 찌개용 양념장입니다. 두부찌개,
짜글이, 김치찌개, 생선찌개, 매운탕 등을 만들 때
잘 어울립니다.

|재료|

고춧가루
1종이컵

고추장
1스푼

진간장
1소주잔

멸치액젓
1소주잔

대파
1뿌리

다진 마늘
3스푼

청양고추
6개

후춧가루
1/2스푼

|방법|

1 대파는 송송 썰고 청양고추는 잘게 썰어줍니다.
2 재료를 모두 섞어줍니다.

• 밀폐용기에 담아서 1개월간 냉장보관이 가능합니다.

국물 양념장

간장오이냉국

 |재료| 1인분

□ 오이 1/2개
□ 통깨 약간(생략 가능)
□ 다진 마늘 약간
□ 다진 대파 약간
□ 간장 냉국 양념장 2종이컵

 |방법|

1 오이는 채 썰어줍니다.
2 간장 냉국 양념장에 파, 마늘, 오이채를 넣고 마지막에 참기름을 약간 넣어줍니다.

간장 냉국 양념장

식초를 넣지 않고 간장으로 맛을 낸 양념장입니다.
신맛을 싫어하는 사람이나 아이에게 좋습니다. 잔
치국수를 국물로도 잘 어울립니다.

|재료|

물(혹은 멸치 육수)
2종이컵

국간장
1스푼

멸치액젓
1스푼

참기름
약간

|방법|

재료를 모두 섞어줍니다.

• 구운 김을 부서 넣으면 김가루 냉국이 됩니다.
• 참기름은 1~2방울을 넣어 향만 냅니다.

• 3일간 냉장보관이 가능합니다.

국물 양념장

식초오이냉국

 |재료| 1인분

☐ 오이 1/3개
☐ 다진 마늘 약간
☐ 다진 대파 약간
☐ 청양고추 1개(생략 가능)
☐ 통깨 약간
☐ 새콤한 냉국 양념장 1+1/4종이컵

 |방법|

1 오이는 채 썰어줍니다.

2 새콤한 냉국 양념장에 마늘, 대파, 청양고추, 오이를 넣습니다.

3 마지막에 통깨를 뿌리고 얼음을 띄워줍니다.

새콤한 냉국 양념장

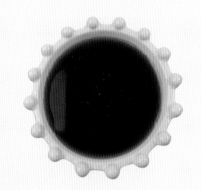

새콤달콤한 국물이 필요할 때 활용하면 좋은 양념
장입니다. 묵사발을 만들 때도 잘 어울립니다.

 |재료|

물
1종이컵

식초
2스푼

국간장
2스푼

설탕
1스푼

 |방법|

재료를 모두 섞어줍니다.

국물 양념장

아구찜

 |재료| 접시(대) 1개

☐ 아구 1마리(1kg)
☐ 오만디 1종이컵
☐ 대파 1뿌리
☐ 당근 100g
☐ 미나리 줄기 부분 1줌
☐ 콩나물 줄기 부분 500g
☐ 청양고추 2개
☐ 해물찜 양념장1 적당량
☐ 해물찜 양념장2 적당량
☐ 참기름 1스푼
☐ 통깨 약간

 |방법|

1 토막낸 아구와 오만디는 씻어서 물기를 빼놓습니다.

2 대파, 풋고추, 청양고추는 어슷썰기를, 당근은 비슷한 크기로 썰어줍니다.

3 궁중팬에 아구, 오만디, 해물찜 양념장1을 넣고 볶아줍니다. 물이 생기면 뚜껑을 덮고 약불에서 3분 익혀줍니다.

4 손질한 채소를 모두 넣고 뚜껑 덮어 중불에서 2분 익혀줍니다.

5 콩나물이 살짝 익으면 양념이 섞이도록 위아래로 저어줍니다.

6 센불에서 아구찜 양념장2를 뿌려 빠르게 저어주고 참기름과 통깨를 뿌려 완성합니다. 곁들이 양념장(겨자 약간 + 진간장 1스푼 + 물 1스푼)을 함께 냅니다.

해물찜 양념장

해물찜 양념장1은 아구찜이나 해물찜을 만들 때 주
양념으로 사용합니다. 해물찜 양념장2는 아구찜이
나 해물찜을 걸쭉하게 만들 때 사용합니다.

해물찜 양념장1

해물찜 양념장2

해물찜 양념장1

 |재료|

	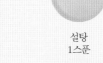		
고춧가루 1/2종이컵	설탕 1스푼	고운 소금 1스푼	진간장 2스푼
맛술 3스푼	올리고당 2스푼	다진 마늘 1/2종이컵	후춧가루 약간

해물찜 양념장2

 |재료|

찹쌀가루 1스푼	녹말가루 1스푼	들깨가루 1스푼	땅콩가루 1스푼

 |방법|

1 해물찜 양념장1의 재료를 모두 섞어줍니다.

2 해물찜 양념장2의 재료는 따로 섞어둡니다.

• 콩나물이 너무 익으면 질긴 데다 맛이 없어 보입
니다. 콩나물이 숨이 죽지 않을 정도의 시간 안에
만드는 게 포인트입니다.

• 해물찜 양념장2의 4가지 가루를 다 넣지 못하더
라도 찹쌀가루나 전분가루는 꼭 넣어야 합니다.

CHAPTER 6

세상 쉬운
김치 양념장

요리가 세상 쉬운 양념장

깻잎김치(깻잎김치 양념장)

쪽파김치(쪽파김치 양념장)

겉절이배추김치(겉절이김치 양념장)

열무김치(열무김치 양념장)

깍두기(깍두기 양념장)

무말랭이김치(무말랭이김치 양념장)

백김치(백김치 양념장)

부추김치(부추김치 양념장)

오이소박이(오이소박이 양념장)

김치 양념장

깻잎김치

 |재료| 1L 1통

☐ 깻잎 400g(40g 10묶음)
☐ 깻잎김치 양념장

 |방법|

1 깻잎은 물에 10분 정도 담가두었다가 썻어서 바구니에 밭쳐 물기를 빼줍니다.

2 깻잎김치 양념장을 깻잎 3장마다 1/2스푼씩 발라줍니다.

3 30분 후에 꼭꼭 눌러서 뒤집어줍니다. 10분 후 다시 깻잎을 뒤집어서 통에 꾹 눌러 담습니다.

깻잎김치 양념장

다시마 국물을 넣어 짜지 않게 만들었습니다.

|재료|

고춧가루 1종이컵	기본 다시마 육수 (89쪽 참조) 1종이컵	진간장 2소주잔	올리고당 4스푼

멸치액젓
1스푼

다진 마늘 3스푼	다진 양파 3스푼	다진 대파 1종이컵	다진 당근 1/2종이컵	통깨 3스푼

|방법|

재료를 모두 섞어줍니다.

• 국물에 잠기지 않은 깻잎은 색이 까맣게 될 수 있습니다.

• 양파는 많이 넣으면 쓴맛이 나므로 조금만 사용합니다.

• 1개월간 냉장보관이 가능합니다.

김치 양념장

쪽파김치

· 양념장 ·

쪽파김치 양념장

 |재료| 1L 1통

☐ 쪽파 1/2단
☐ 쪽파김치 양념장
☐ 통깨 2스푼

 |방법|

1 쪽파는 뿌리를 자르고 씻어서 물기를 빼줍니다.

2 쪽파김치 양념장을 넣고 버무려줍니다.

3 숨이 죽을 때까지 30분 정도 둡니다.

4 숨이 죽으면 통깨를 뿌리고 통에 담아줍니다.

쪽파김치 양념장

마늘이나 생강을 넣지 않아도 됩니다.

|재료|

고춧가루
4스푼

기본 멸치 육수
(87쪽 참조) 4스푼

진간장
1스푼

멸치액젓
스푼 4스푼

올리고당
3스푼

|방법|

재료를 모두 섞어줍니다.

• 소금보다 멸치액젓으로 간을 맞추는 것이 좋습니다.

겉절이배추김치

· 양념장 ·
겉절이김치 양념장

| 재료 | 3L 1통

☐ 배추 1포기 3kg
☐ 굵은 소금 1종이컵
☐ 대파 1/2뿌리
☐ 겉절이김치 양념장

| 방법 |

1 배추는 잎을 다 떼고 먹기 좋게 썰고 한 번 헹군 다음 굵은 소금으로 절여줍니다.

2 30분마다 배추를 뒤집어줍니다. 3시간 정도 절인 후 씻어줍니다.

3 대파는 뿌리 부분을 어슷하게 썰어줍니다.

4 배추의 물기를 30분 정도 빼주고 겉절이김치 양념장과 대파를 넣고 버무려줍니다.

겉절이김치 양념장

참쌀풀 대신 다시마 육수로 만든 양념장입니다.

|재료|

기본 다시마 육수
(89쪽 참조) 1종이컵

고춧가루
1+1/2종이컵

다진 마늘
3스푼

올리고당
2스푼

멸치액젓
1소주잔

고운 소금
1+1/2스푼

|방법|

1 다시마 육수에 재료를 모두 넣고 섞어줍니다.

2 10분 정도 지나 고춧가루가 불면 김치를 담급니다.

김치 양념장

열무김치

 |재료| 2L 1통

☐ 열무 1단
☐ 열무김치 양념장

 |방법|

1 열무는 뿌리 부분을 다듬고 떡잎은 떼고 3등분해서 씻은 후 물기를 빼줍니다.

2 열무김치 양념장으로 버무립니다. 1시간 뒤 뒤집어주고 다시 2시간 후 통에 담습니다. 실온에 몇 시간 두고 숨이 죽으면 먹습니다.

116

열무김치 양념장

멸치 육수로 밀가루풀을 만들면 열무의 알싸한 맛을 줄일 수 있습니다.

|재료|

밀가루풀
2종이컵

고춧가루
6스푼

간 양파
1/2종이컵

다진 마늘
4~5스푼

멸치액젓
3스푼

소금
1+1/2스푼

|방법|

1 물 2종이컵에 밀가루 1스푼을 풀어서 끓여줍니다. 이때 물 대신 멸치 육수로 끓여주면 더 좋습니다.

2 밀가루풀이 식으면 재료를 모두 섞어줍니다.

• 열무김치를 소금에 절이지 않고 담그는 방법입니다.

김치 양념장

깍두기

 |재료| 3L 1통

☐ 무 큰 것 1개
☐ 굵은 소금 3스푼
☐ 깍두기 양념장

 |방법|

1 무는 깍둑썰기해서 굵은 소금 3스푼을 넣어 절입니다.

2 30분 후에 한 번 뒤집어주고 총 1시간 절여줍니다.

3 절인 무를 헹궈 바구니에 밭쳐 물기를 빼줍니다.

4 깍두기 양념장으로 무를 버무려줍니다.

깍두기 양념장

멸치 육수로 만든 양념장입니다.

고춧가루
6스푼

멸치 육수(87쪽 참조)
100ml(2소주잔)

멸치액젓
4스푼

설탕
2스푼

고운 소금
1스푼

다진 마늘
3스푼

대파
1/2뿌리

|방법|

1 대파는 송송 썰어줍니다.

2 대파와 재료를 모두 섞어줍니다. 10분 정도 지나 고춧가루가 불면 김치를 담급니다.

• 모든 김치류는 국물이 자박하게 담겨 있어야 맛있게 익습니다.
• 여름 무는 물이 많고 매운맛이 많이 나므로 설탕이나 뉴슈가 양을 조절합니다.
• 무의 양이 많을 땐 설탕 대신 뉴슈가를 넣으면 맛이 깔끔합니다.

김치 양념장

무말랭이김치

 |재료| 500ml 1통

☐ 무말랭이 말린 것 150g
☐ 무말랭이김치 양념장
☐ 통깨 3스푼
☐ 대파 1/2뿌리

 |방법|

1 무말랭이는 물에 헹궈줍니다.

2 따뜻한 물 500ml에 설탕 2스푼을 타서 무말랭이를 1시간 불려줍니다. 설탕
   이 무의 쓴맛을 없애줍니다.

3 대파는 잘게 썰어줍니다.

4 무말랭이는 물기를 살살 짠 후 무말랭이김치 양념장으로 무쳐줍니다.

5 대파와 통깨를 넣고 마무리해줍니다.

무말랭이김치 양념장

무말랭이를 따뜻한 설탕물에 1시간 정도 불려서
바로 무쳐서 만들 수 있습니다.

|재료|

고춧가루
1종이컵

물
1/2종이컵

올리고당
6스푼

다진 마늘
3스푼

진간장
6스푼

멸치액젓
2스푼

|방법|

1 재료를 모두 섞어줍니다.

2 30분 정도 지나 고춧가루가 불면 김치를 담급니다.

• 완성된 무말랭이가 딱딱하다 싶으면 냉장고에 넣어 익혀 드세요.

• 늦가을 서리 내린 다음에 말린 무가 가장 달고 맛있습니다.

김치 양념장

백김치

 |재료| **3L 1통**

☐ 배추 1포기
☐ 백김치 양념장

 |방법|

1 배추는 길쭉하게 잘라 씻고 물기를 빼줍니다.

2 통에 배추를 담고 백김치 양념장을 부어 섞어줍니다.

3 2시간 정도 지나 숨이 죽으면 한 번 뒤적거려주고 통에 담습니다.

백김치 양념장

배추를 절이는 과정 없이 만들 수 있습니다. 배추를
잘라 깨끗하게 씻은 후 양념장을 붓고 양념이 배면
바로 먹을 수 있습니다.

|재료|

기본 다시마 육수
(89쪽 참조) 2종이컵

홍고추
5개

고춧가루
1스푼

양파
작은 것 1/2개

다진 마늘
3스푼

멸치액젓
2스푼

고운 소금
4스푼

|방법|

1 홍고추는 토막냅니다.

2 믹서에 모든 재료를 넣고 갈아줍니다.

• 배추를 절이지 않고 바로 양념해서 먹는 방법입니다.

• 아이에게 만들어줄 땐 홍고추 대신 빨간 파프리카를 사용하세요.

김치 양념장

부추김치

 |재료| 1L 1통

☐ 부추 1/2단
☐ 양파 1/2개
☐ 부추김치 양념장

 |방법|

1 부추는 다듬어서 씻은 후 바구니에 밭쳐 물기를 빼준 후 3등분합니다.

2 양파는 채 썰어줍니다.

3 부추와 양파에 부추김치 양념장을 넣고 버무려줍니다.

부추김치 양념장

부추를 절이는 과정 없이 바로 무쳐 먹을 수 있어서
부추 향이 살아있습니다.

|재료|

고춧가루
7스푼

멸치액젓
1+1/2소주잔

진간장
2스푼

올리고당
2스푼

멸치 육수
2소주잔

|방법|

1 재료를 모두 섞어줍니다.
2 30분 정도 지나 고춧가루가 불면 김치를 담급니다.

• 부추는 향이 강하므로 마늘을 쓰지 않아도 됩니다.
• 멸치액젓 대신 멸치육젓을 넣어도 맛있습니다.
• 전체적인 간은 멸치액젓으로 합니다. 막 버무렸을 때 짭짤해야 물이 생기면서 간이 맞습니다.

김치 양념장

오이소박이

 |재료| 1.5L 1통

☐ 오이 3개
☐ 물 500ml
☐ 굵은 소금 2스푼
☐ 부추 100g
☐ 양파 작은 것 1/2개
☐ 오이소박이 양념장

 |방법|

1 오이는 5cm 길이로 잘라 가운데에 열십자 모양으로 칼집을 내줍니다.

2 물 500ml에 굵은 소금 2스푼을 넣고 끓여 오이를 넣었다가 바로 건져줍니다.

3 부추는 깨끗이 씻어서 1cm 길이로 잘게 잘라줍니다.

4 양파는 굵직하게 다져줍니다.

5 부추와 양파를 오이소박이 양념장으로 버무려 속을 만들어줍니다.

6 오이에 속을 넣어는 통에 담습니다.

오이소박이 양념장

부추를 절이는 과정 없이 바로 무쳐 먹을 수 있어서
부추 향이 살아있습니다.

|재료|

고춧가루
5스푼

멸치액젓
4스푼

소금
1/4스푼

다진 마늘
2스푼

올리고당
1스푼

|방법|

1 재료를 모두 섞어줍니다.

2 10분 정도 지나 고춧가루가 불면 김치를 담급니다.

• 냉장고에 넣고 다음 날에 먹으면 오이에 양념이 배어 맛있습니다.

CHAPTER 7

세상 쉬운
곁들이 양념장

요리가 세상 쉬운 양념장

낙지숙회(초고추장)

명이나물쌈밥(돼지고기볶음된장)

상추쌈밥1(쌈장)

칼국수 (국수 양념장)

땡초부추전(초간장)

채소 스틱(두부소스)

돼지고기수육(마늘기름장)

들깨수제비(들깨소스)

삶은 배춧잎쌈밥(멸치젓쌈장)

돼지국밥(고추 다대기)

상추쌈밥2(저염두부쌈장)

곁들이 양념장

낙지숙회

· 양념장 ·
초고추장

 |재료| 접시(중) 1개

☐ 냉동낙지 2마리
☐ 밀가루 3스푼
☐ 굵은 소금 3스푼
☐ 초고추장

 |방법|

1 낙지는 물에 담가 해동하고 머리 쪽 내장을 제거합니다. 굵은 소금을 넣고 한
   참 치대어 씻어주고 밀가루를 넣어 다시 한참 주물러서 씻어줍니다.

2 소금을 약간 넣은 물을 끓여 낙지를 살짝 데쳐줍니다.

3 낙지가 식으면 썰어서 초고추장과 함께 냅니다.

초고추장

브로콜리, 새송이버섯, 파, 오징어 등을 데쳐서 찍어 먹을 때에도 잘 어울립니다. 경상도 지방에선 부추전이나 나물전을 초고추장에 찍어서 먹습니다.

 |재료|

고추장
4스푼

올리고당
3스푼

식초
3스푼

진간장
1스푼

설탕
1+1/2스푼

통깨
1스푼

 |방법|

재료를 모두 섞어줍니다.

- 마늘과 참기름은 취향에 따라 넣습니다.
- 해산물을 찍어 먹을 때에는 생강즙을 약간 넣으면 좋습니다.

곁들이 양념장

명이나물쌈밥

· 양념장 ·
돼지고기볶음된장

|재료| 2인분

☐ 명이나물 8장
☐ 양파 1/2개
☐ 보리잎 적당량
☐ 돼지고기볶음된장 적당량

|방법|

1 양파는 채 썰어서 찬물에 담가서 매운맛을 빼서 건져둡니다.

2 명이나물, 양파채, 보리싹을 손질해 쟁반에 담습니다.

돼지고기볶음된장

채소나 채소 스틱을 찍어 먹을 때 잘 어울립니다.

|재료|
200ml

간 돼지고기
80g

된장
3스푼

고추장
1스푼

다진 대파
2스푼

다진 마늘
1스푼

다진 양파
3스푼

다진 청양고추
3스푼

올리고당
1스푼

물
2소주잔

참기름
1/2스푼

|방법|

1 된장, 고추장, 청양고추, 대파, 양파를 넣고 볶아줍니다. 올리고당과 물을 넣고 끓여줍니다.

2 돼지고기, 참기름, 마늘을 넣고 볶아줍니다.

• 돼지고기 대신 소고기, 참치캔, 고등어통조림 등을 넣어 볶아도 맛있습니다.
• 양파는 돼지고기 볶을 때 반 갈아서 넣고, 나머지 반은 잘게 다져서 된장 볶을 때 넣습니다.

곁들이 양념장

상추쌈밥1

·양념장·

쌈장

 |재료| 2인분

□ 상추 1봉지
□ 오이 1개
□ 당근 1개
□ 풋고추 2~3개
□ 쌈장

 |방법|

1 닭상추는 깨끗이 씻어 식초 몇 방울을 넣은 물에 잠시 담가두었다가 소쿠리
   에 밭쳐둡니다.
2 오이와 당근은 생으로 깎아서 길게 잘라줍니다.
3 접시에 담아 쌈장과 함께 담아냅니다.

134

쌈장

상추, 찐 호박잎, 찐 양배추잎, 오이, 당근, 풋고추
등을 찍어 먹을 때 좋은 쌈장입니다. 짭짤하게 만들
었으므로 냉장고에 넣어두고 오래 먹어도 됩니다.
쌈장에 식초를 넣어 된장의 짠맛을 순화했습니다.

|재료|
160ml

된장
4스푼

고추장
1스푼

다진 대파
3스푼

다진 청양고추
2스푼

다진 마늘
1스푼

식초
1/2스푼

물
2스푼

참기름
1/2스푼

통깨
1스푼

|방법|

1 참기름과 통깨를 빼고 재료를 모두 섞어줍니다.

2 마지막에 통깨와 참기름을 섞어줍니다.

곁들이 양념장 | 칼국수 | · 양념장 ·
국수 양념장

 |재료| 3~4인분

☐ 칼국수 반죽 or 칼국수 면 500g
☐ 기본 멸치 육수(87쪽 참조) 2L
☐ 애호박 1/2개
☐ 국수양념장
〈칼국수 반죽〉
☐ 밀가루 5종이컵
☐ 생콩가루 1스푼
☐ 소금 1/3스푼
☐ 식용유 2스푼
☐ 물 1+1/2종이컵

 |방법|

1 칼국수면은 밀가루로 직접 반죽해도 되고 시판용 칼국수로 해도 됩니다.

2 애호박은 굵게 채 썰어줍니다.

3 기본 멸치 육수가 끓으면 칼국수면을 넣고 삶아줍니다.

4 애호박을 넣고 소금을 밑간하고 그릇에 담아냅니다.

국수 양념장

국수양념장은 기본 양념장으로 활용하기좋습니다.
도토리묵이나 촌두부를 찍어 먹어도 어울립니다.
나물비빔밥 양념장으로도 좋습니다.

|재료|
100ml

다진 대파
1소주잔

다진 청양고추
2스푼

다진 마늘
1스푼

고춧가루
1스푼

진간장
3스푼

멸치액젓
2스푼

통깨
1스푼

참기름
1스푼

|방법|

1 참기름을 빼고 재료를 모두 섞어줍니다.
2 마지막에 참기름을 넣고 섞어줍니다.

- 칼국수면을 직접 반죽할 때에는 물을 한 번에 넣지 말고 몇 번에 나누어 넣으세요.
- 면요리는 두꺼운 그릇보다는 얇은 그릇에 담아내야 고들고들하게 먹을 수 있습니다.
- 애호박 외에 묵은지를 썻어서 넣거나 부추와 양파를 채 썰어 추가해도 됩니다.

- 취향에 따라 김가루를 넣으세요.
- 면의 양이 많을 때에는 다른 냄비에 면을 삶아 담고 따로 끓인 육수를 부어주세요.

───────

- 국수 양념장은 조금씩 만들어서 빨리 먹는 게 좋습니다.

곁들이 양념장

땡초부추전

· 양념장 ·

초간장

 |재료| 큰 것 2장

☐ 밀가루 반죽

☐ 부추 2줌

☐ 땡초(청양초) 3개

〈밀가루 반죽〉

☐ 밀가루(중력분) 2+1/2종이컵

☐ 물 2+1/2종이컵

☐ 전분가루 2스푼(생략 가능)

☐ 멸치액젓 2스푼

☐ 소금 1/3스푼

 |방법|

1 밀가루 반죽을 만듭니다. 부침가루로 대체해도 됩니다.

2 부추는 씻어서 4~5등분하고, 청양고추는 어슷하게 썰어 반죽에 넣어줍니다.

3 프라이팬에 기름을 넉넉히 두르고 반죽을 떠 넣어 중불에서 구워줍니다.

4 한쪽 면이 다 익으면 뒤집어줍니다.

138

초간장

전을 찍어 먹을 때 잘 어울리는 초간장입니다. 고춧
가루 1/2스푼을 넣어 만두나 탕수육을 찍어 먹어도
잘 어울립니다.

| 재료 |

국간장(진간장 가능)   식초   물
1스푼   1스푼   1스푼

| 방법 |

재료를 모두 섞어줍니다.

• 쫀득하고 바삭한 식감을 원하면 달걀은 넣지 않는 게 좋습니다.
• 천연조미료를 밀가루 반죽에 조금 넣어주어도 좋습니다.,

곁들이 양념장

채소 스틱

· 양념장 ·
두부소스

 |재료| 접시(중) 1개

□ 파프리카 적당량
□ 오이 적당량
□ 당근 적당량

 |방법|

1 채소를 씻어 먹기 좋은 크기로 자릅니다.
2 두부소스를 함께 냅니다.

두부소스

시금치, 깻잎순, 쑥갓잎 등을 데쳐서 무쳐 먹어도
잘 어울립니다.

|재료|
200ml

으깬 두부
1종이컵

간장
1스푼

멸치액젓
1스푼

소금
1/4스푼

깨소금
3스푼

|방법|

1 으깬 두부에 간장과 멸치액젓, 깨소금을 넣고 섞어줍니다.

2 마지막 간은 소금으로 합니다.

 • 두부는 끓는 물에 데치거나 전자레인지에 1분 30초 돌려서 으깨어줍니다. 물을 짤 필요는 없습니다.

곁들이 양념장

돼지고기수육

 |재료| 접시(대) 1개

☐ 수육용 돼지고기 1kg
  (사태살, 삼겹살, 앞다리살)
☐ 월계수 잎 1장
☐ 된장 2스푼
☐ 커피나 녹차 약간
☐ 마늘기름장

 |방법|

1 바닥이 깊은 냄비에 물을 넉넉히 붓고 된장과 월계수 잎, 블랙커피 1티스푼
  (녹차 티백 2개)을 넣어줍니다.

2 돼지고기는 덩어리째 넣어줍니다. 덩어리 크기에 따라 50분~1시간 20분 삶
  아줍니다.

3 삶은 고기를 편썰기해서 접시에 담고 마늘기름장을 뿌려줍니다.

마늘기름장

돼지고기수육, 문어수육, 소고기수육, 삼겹살구이를 먹을 때 생마늘 대신 쌈 위에 올려 먹으면 좋습니다. 가지런히 담은 수육 위에 마늘기름장을 끼얹으면 수육의 색다른 풍미를 느낄 수 있습니다.

|재료|

다진 마늘
2스푼

참기름
3스푼

소금
1/3스푼

통깨
약간

|방법|

1 마늘은 칼로 다져줍니다.
2 재료를 모두 섞어줍니다.

- 상추, 김치, 된장을 함께 냅니다.
- 돼지고기를 삶을 때 된장을 넣어 구수한 맛을 내었습니다.

- 집에서 직접 짠 참기름은 쓴맛이 날 수 있는데, 포도씨유를 섞어주면 쓴맛이 희석됩니다.

143

곁들이 양념장

들깨수제비

· 양념장 ·

들깨소스

 |재료|2인분|

☐ 수제비 반죽
☐ 기본 멸치 육수(87쪽 참조) 1.5L
☐ 감자 2개
☐ 애호박 1/3개
☐ 달걀 1~2개
☐ 대파 약간, 다진 마늘 약간
☐ 들깨소스 2~3스푼
〈수제비 반죽〉
☐ 밀가루 10스푼, 전분가루 3스푼
☐ 식용유 2스푼, 물 100ml, 소금 약간

 |방법|

1 수제비 반죽을 만들어 비닐에 싼 후 냉장고에서 2시간 정도 둡니다.

2 감자는 한입 크기로, 애호박은 반달 모양으로 얇게, 대파는 잘게 썰어줍니다.

3 기본 멸치 육수가 끓으면 다진 마늘과 감자를 넣고 수제비는 한입 크기로 뜯어서 넣어줍니다.

4 애호박과 대파를 넣어줍니다. 수제비가 떠오르면 달걀을 풀어 살살 둘러줍니다.

5 수제비를 그릇에 담고 들깨소스 2~3스푼을 넣어줍니다.

144

들깨소스

국물요리에 섞어주면 구수한 들깨맛을 즐길 수 있
습니다. 고기를 찍어 먹을 때 새송이버섯을 데쳐 무
쳐 먹을 때 잘 어울립니다.

|재료|

거피들깨가루
3스푼

멸치액젓
1/2스푼

물
4스푼

|방법|

재료를 모두 섞어줍니다.

곁들이 양념장

삶은 배춧잎쌈밥

· 양념장 ·
멸치젓쌈장

 |재료| 2인분

□ 배춧잎 10장
□ 멸치젓쌈장 적당량

 |방법|

1 배춧잎은 부드러운 속잎을 떼어 씻어줍니다.

2 냄비에 물 1L를 넣고 끓으면 배춧잎을 살짝 데쳐주고 찬물에 헹궈 물기를 꼭
짭니다.

3 배춧잎과 멸치젓쌈장을 함께 냅니다.

멸치젓쌈장

청양고추와 마늘을 다져서 비린 맛과 함께 즐깁니다. 다시마쌈, 양배추쌈 등에도 잘 어울립니다.

 |재료|

멸치육젓
통멸치 10마리

다진 마늘
1/2스푼

다진 청양고추
2스푼

고춧가루
1/2스푼

통깨
1스푼

|방법|

1 멸치육젓의 통멸치를 건져서 머리, 내장, 뼈를 발라 살만 남겨둡니다.

2 멸치 살을 잘게 다져주고 재료를 모두 섞어줍니다.

• 멸치젓쌈장은 냉장에서 오래 보관할 수 있으므로 한 번에 많이 만들어둡니다.

곁들이 양념장

돼지국밥

· 양념장 ·

고추 다대기

 |재료| 10인분

☐ 돼지 잡뼈 2kg

☐ 돼지고기 사태살 2근

☐ 생강 2쪽

☐ 소주 1소주잔

☐ 된장 1스푼

☐ 대파 적당량

☐ 고추 다대기

☐ 후춧가루 약간

☐ 새우젓 약간

 |방법|

1 돼지 잡뼈는 물에 4시간 정도 담가 핏물을 빼줍니다.

2 큰 냄비에 돼지 잡뼈의 3~4배의 물을 붓고 소주와 생강을 넣고 끓여줍니다.

3 물이 줄어들면 물만 추가하면서 국물이 뽀얘질 때까지 약불에서 8시간 정도 끓여줍니다.

4 국물이 완성될 때쯤 돼지고기 사태살을 넣어 1시간 정도 끓여줍니다.

5 사태살은 식혀서 썰어주고 돼지뼈 국물은 체에 걸러 기름을 제거합니다.

6 대접에 돼지국물을 넣고 사태수육과 대파를 담고 후춧가루를 뿌려줍니다. 고추 다대기를 함께 냅니다, 국물간은 새우젓으로 합니다.

고추 다대기

물냉면, 갈비탕, 국밥 등 맑은 국물을 조금 매콤하
게 먹고 싶을 때 좋습니다.

|재료|

고춧가루
3스푼

물
2스푼

멸치액젓
1스푼

다진 마늘
1스푼

|방법|

1 물에 고춧가루를 넣고 10분 정도 둡니다.

2 불린 고춧가루에 멸치액젓과 다진 마늘을 넣고 섞어줍니다.

• 돼지 잡뼈는 가장 저렴하고 때로는 정육점에서 무료로 주기도 하는 부위입니다.

곁들이 양념장

상추쌈밥2

 |재료| 2인분

□ 상추, 치커리 등 채소 적당량
□ 저염두부쌈장

 |방법|

상추와 치커리 등 채소를 씻어서 저염두부쌈장과 함께 냅니다.

저염두부쌈장

두부를 넣어서 염도가 낮아 건강상 저염해야 하는
이들에게 추천합니다.

|재료|
150ml

된장
3스푼

으깬 두부
4스푼(1/4모)

고춧가루
1스푼

다진 대파
2스푼

다진 청양고추
2스푼

다진 마늘
1스푼

올리고당
1스푼

참기름
1스푼

통깨
1스푼

|방법|

1 참기름과 통깨를 빼고 재료를 모두 섞어줍니다.

2 마지막에 참기름과 통깨를 넣고 섞어줍니다.

• 두부는 끓는 물에 데치거나 전자레인지에 1분 30초 돌려서 으깨어줍니다. 물을 짤 필요는 없습니다.

• 냉장 상태로 3일 안에 먹는 게 좋습니다.

CHAPTER 8

세상 쉬운
샐러드 드레싱

요리가 세상 쉬운 양념장

훈제오리 샐러드(파인애플 드레싱)

삶은 브로콜리(참깨 드레싱)

과일 샌드위치(딸기 드레싱)

척아이롤 찹스테이크(발사믹)

콩 샐러드(양파 드레싱)

두부 샐러드(오리엔탈 드레싱)

감자 샐러드(프렌치 드레싱)

생선가스(타르타르 드레싱)

콥 샐러드(사우전아일랜드 드레싱)

훈제연어말이(홀스래디시 드레싱)

토마토 채소 샐러드(담백한 간장 드레싱)

그린 샐러드(담백한 참치액 드레싱)

훈제닭가슴살 샐러드(요거트 드레싱)

연근흑임자 샐러드(흑임자 드레싱)

샐러드 드레싱

훈제오리 샐러드

· 양념장 ·
파인애플 드레싱

 |재료| 접시(중) 1개

☐ 훈제오리 200g
☐ 모둠쌈채소 100g
☐ 파인애플 드레싱 적당량

 |방법|

1 훈제오리는 프라이팬에 구워서 기름을 빼주고 식혀줍니다.

2 모둠쌈채소는 깨끗하게 씻어 먹기 좋은 크기로 찢어서 물기를 빼줍니다.

3 재료를 담아 파인애플 드레싱을 뿌려줍니다.

파인애플 드레싱

와사비의 매운맛이 나는 상큼한 드레싱입니다. 과
일, 훈제오리, 닭가슴살, 채소, 연어 등으로 샐러드
를 만들 때 어울립니다.

|재료|
200ml

간 파인애플
1+1/2종이컵

식초
1/2스푼

와사비
1/4스푼

다진 마늘
1/2스푼

설탕
2~3스푼

소금
1/3스푼

|방법|

재료를 모두 섞어줍니다.

• 파인애플 통조림을 사용할 땐 식초를 조금 더 넣 • 1주일간 냉장보관이 가능합니다.
습니다.

샐러드 드레싱

삶은 브로콜리

· 양념장 ·
참깨 드레싱

 |재료| 접시(중) 1개

☐ 브로콜리 1송이
☐ 참깨 드레싱 적당량

 |방법|

1 브로콜리는 물에 20분 정도 거꾸로 담가준 후 씻어줍니다.

2 씻은 브로콜리는 한입 크기로 잘라 물에 살짝 데칩니다.

3 데친 브로콜리는 바구니에 건져 식히며 물기를 빼줍니다.

4 브로콜리와 참깨 드레싱을 함께 냅니다.

참깨 드레싱

시판용보다 짠맛이 덜한 참깨 드레싱입니다. 한식
과 양식 모두 잘 어울리며 데친 연근, 채소, 브로콜
리, 닭가슴살, 열무 등으로 샐러드를 만들 때 좋습
니다.

 |재료|

깨소금
4스푼

마요네즈
1스푼

올리고당
1스푼

물
3스푼

진간장
1/2스푼

 |방법|

재료를 모두 섞어줍니다.

샐러드 드레싱

과일 샌드위치

 | 재료 | 1인분

☐ 식빵 2장
☐ 딸기잼 2스푼
☐ 양상추 약간
☐ 치즈 1장
☐ 오렌지 1/2개
☐ 토마토 1/2개
☐ 파인애플 2쪽
☐ 딸기 드레싱 3스푼

 | 방법

1 양상추는 씻어서 물기를 빼줍니다.

2 오렌지, 토마토, 파인애플은 슬라이스해줍니다.

3 식빵 잼을 바르고 양상추, 토마토, 치즈, 오렌지, 파인애플, 딸기소스를 올리고 빵을 덮어 완성합니다.

딸기 드레싱

열무, 새싹, 양상추 등 채소 샐러드에 잘 어울립니다.

|재료|

딸기청
5스푼

마요네즈
5스푼

식초(양조식초)
약간

소금
약간

|방법|

1 딸기를 다져서 설탕과 반반 섞어 냉장고에 두어 딸기청을 준비합니다. 딸기잼으로 대체해도 됩니다.

2 재료를 믹서에 넣고 모두 갈아줍니다.

• 과일이 미끄러워 속재료가 잘 빠져나오니 랩으로 싸주는 게 좋습니다.
• 과일은 제철과일로 대체해도 됩니다.
• 식빵은 갓 구운 것보다 하루이틀 지난 빵을 사용해야 모양을 잡기 좋습니다.

샐러드 드레싱

척아이롤 찹스테이크

· 양념장 ·
발사믹 드레싱

 |재료| 접시(중) 1개

☐ 호주산소고기 척아이롤 2조각
☐ 파프리카 1개
☐ 양파 1개
☐ 소금 약간
☐ 후추 약간
☐ 발사믹 드레싱 적당량

 |방법|

1 척아이롤은 키친타월로 핏물을 닦아준 후 큼직하게 잘라줍니다.

2 파프리카는 먹기 좋은 크기로 네모나게 잘라줍니다.

3 양파는 둥근 모양을 살려서 잘라줍니다.

4 팬에 기름을 두르고 척아이롤을 볶아주면서 소금과 후추를 뿌려줍니다.

5 팬 한쪽에 파프리카와 양파도 구워줍니다.

6 발사믹 드레싱을 냄비에 넣고 한번 끓여서 식힌 다음에 스테이크와 함께 냅니다.

발사믹 드레싱

빵. 해물, 채소, 육류 등 모든 샐러드에 어울립니다.
특히 구운 채소와 구운 오징어를 넣은 샐러드에 잘
어울립니다. 채소 샐러드는 그대로 사용하고 고기
샐러드는 살짝 끓여서 식힌 다음 사용합니다.

|재료|

발사믹 식초
1소주잔

올리브유
1소주잔

올리고당
1소주잔

다진 마늘
1스푼

소금
1스푼

|방법|

1 빈 병에 재료를 모두 담습니다.
2 뚜껑을 닫고 오일이 크리미한 상태가 될 때까지 흔들어줍니다.

• 가지를 두껍게 잘라 구워도 좋습니다.

• 올리고당을 빼고 만들면 발사믹 드레싱 특유의
  시큼함이 살아납니다.
• 올리고당 대신 꿀을 사용해도 됩니다.

샐러드 드레싱

콩 샐러드

· 양념장 ·

양파 드레싱

 |재료| 접시(중) 1개

☐ 병아리콩 1/2종이컵
☐ 렌틸콩 1/2종이컵
☐ 옥수수캔 작은 것 1통
☐ 완두콩캔 1통
☐ 붉은 강낭콩 통조림 적당량
   (강낭콩과 흰 강낭콩 모두 가능)
☐ 양파 드레싱

 |방법|

1 병아리콩은 씻어서 물에 3시간 불린 후 20분간 삶아줍니다.

2 흰 강낭콩은 씻어서 물에 3시간 불린 후 20분간 삶아줍니다.

3 렌틸콩은 씻어서 불리지 않고 바로 20분간 삶아줍니다.

4 옥수수캔과 완두콩캔은 체에 밭쳐 물기를 빼줍니다.

5 붉은 강낭콩 통조림은 체에 밭쳐 물기를 빼줍니다. 흰강낭콩 통조림일 경우,
   물기를 빼지 않고 그대로 사용합니다.

6 모든 콩을 그릇에 담아 양파 드레싱을 뿌려줍니다.

양파 드레싱

콩 샐러드처럼 부드러운 재료에도 어울리지만 생선
가스에도 잘 어울립니다.

|재료|

다진 양파
3스푼

포도씨유
50ml

올리고당
2스푼

소금
1/2스푼

식초
1스푼

후추
약간

|방법|

1 빈 병에 재료를 모두 담습니다.

2 뚜껑을 닫고 오일이 크리미한 상태가 될 때까지 흔들어줍니다.

• 양파를 넉넉히 넣어 새콤하게 만들면 좋습니다.
• 남은 콩은 한 통에 담아 냉장보관합니다.
• 꿀이나 올리고당을 1스푼 추가해도 맛있습니다.

샐러드 드레싱

두부 샐러드

오리엔탈 드레싱

 |재료| 접시(중) 1개

☐ 두부 1모
☐ 새싹 약간
☐ 식용유 2스푼
☐ 오리엔탈 드레싱 적당량

 |방법|

1 두부는 약간 큼직하게 잘라줍니다.

2 새싹은 씻어서 물기를 빼줍니다.

3 프라이팬에 기름 2스푼을 넣고 두부를 돌려가며 노릇하게 구워줍니다.

4 접시에 담아 오리엔탈 드레싱을 뿌려줍니다.

오리엔탈 드레싱

한식의 간장 양념과 비슷합니다. 나물류나 두부 샐러드에 잘 어울립니다.

| 재료 |

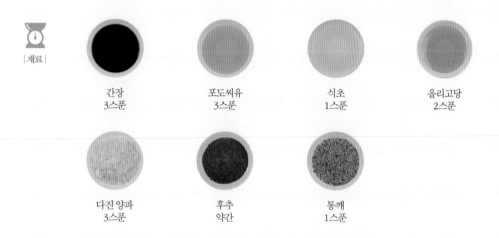

간장
3스푼

포도씨유
3스푼

식초
1스푼

올리고당
2스푼

다진 양파
3스푼

후추
약간

통깨
1스푼

| 방법 |

1 빈 병에 재료를 모두 담습니다.

2 뚜껑을 닫고 오일이 크리미한 상태가 될 때까지 흔들어줍니다.

샐러드 드레싱

감자 샐러드

 |재료| 접시(중) 1개

□ 감자 2개
□ 양상추 2줌
□ 새싹 약간
□ 소금 3꼬집
□ 바질가루나 파슬리가루 약간
□ 프렌치 드레싱 적당량

 |방법|

1 감자는 껍질째 잘 씻어서 깍두기 모양으로 썰어둡니다.

2 양상추는 씻어서 먹기 좋은 크기로 잘라 물기를 빼줍니다.

3 새싹은 살살 씻어서 물기를 털어줍니다.

4 프라이팬에 식용유를 4스푼 넣고 약불에서 감자를 뒤집어가면서 노릇하게
   익혀줍니다.

5 접시에 양상추, 새싹, 구운 감자를 담고 프랜치 드레싱, 바질가루나 파슬리가
   루를 뿌려줍니다.

프렌치 드레싱

햄버거나 핫도그와 함께 먹는 샐러드에 잘 어울립니다.

|재료|

포도씨유
3스푼

식초
1스푼

다진 마늘
1스푼

소금
1/3스푼

|방법|

1 빈 병에 재료를 모두 담습니다.

2 뚜껑을 닫고 오일이 크리미한 상태가 될 때까지 흔들어줍니다.

• 구운 감자는 약간 짭짤하게 간해야 맛있습니다.

• 오일이 들어간 드레싱은 식초가 잘 섞여야 덜 느끼합니다.

• 취향에 따라 청양고추를 다져 넣어 매콤하게 먹거나 꿀, 설탕 등을 추가해 달달하게 먹어도 됩니다.

• 포도씨유 대신 올리브유를 넣어도 됩니다.

샐러드 드레싱

생선가스

타르타르 드레싱

 |재료|4인분

□ 동태살 1팩
□ 소금 약간
□ 후춧가루 약간
□ 달걀 2개
□ 밀가루 3스푼
□ 빵가루 2종이컵
□ 튀김기름 적당량
□ 타르타르 드레싱 적당량

 |방법|

1 동태살은 해동해서 키친타월로 물기를 제거하고 소금과 후춧가루를 살짝 뿌려둡니다.

2 달걀은 그릇에 깨서 소금 2꼬집을 넣고 풀어줍니다.

3 동태살에 밀가루, 달걀물, 빵가루 순으로 묻혀줍니다.

4 튀김기름에 튀김옷 입힌 동태살을 튀겨줍니다.

5 생선가스에 타르타르 드레싱을 뿌려줍니다.

타르타르 드레싱

담백하고 양파 향이 나는 타르타르 드레싱은 생선
요리에 잘 어울립니다. 연어스테이크, 연어샐러드,
생선튀김, 새우튀김 등에 곁들이면 좋습니다.

| 재료 |

다진 양파
5스푼

소금
1/3스푼

식초
1/2스푼

마요네즈
3스푼

설탕
1/2스푼

후추
약간

| 방법 |

재료를 모두 섞어줍니다.

• 튀김옷이 묻은 젓가락 끝을 기름 속에 넣었을 때 거품이 보글보글하면 튀기기에 적당한 온도입니다.
• 동태포를 두껍게 뜨거나 시판용 동태포를 3~4겹 붙여 튀김옷을 입히면 도톰한 생선가스를 만들 수 있습니다.

169

샐러드 드레싱

콥 샐러드

|재료 | 4인분

☐ 옥수수캔 100g
☐ 게맛살 3줄
☐ 브로콜리 1/4송이
☐ 삶은 달걀 2개
☐ 훈제오리 100g
☐ 사과 1/4개
☐ 새싹 50g
☐ 사우전아일랜드 드레싱 적당량

|방법 |

1 옥수수캔은 물기를 빼줍니다.

2 게맛살은 먹기 좋게 썰어줍니다.

3 브로콜리는 씻어서 살짝 데칩니다.

4 사과는 껍질을 깎아 한입 크기로 잘라줍니다.

5 새싹은 씻어서 물기를 빼줍니다.

6 준비한 재료를 접시에 담아 사우전아일랜드 드레싱을 뿌려줍니다.

사우전아일랜드 드레싱

감자, 과일, 채소, 닭가슴살 등으로 샐러드를 만들
때 드레싱으로 어울립니다. 빵에 그냥 발라 먹어도
맛있습니다.

|재료|

마요네즈
4스푼

케첩
2스푼

다진 피클
5스푼

다진 삶은 달걀
1/2종이컵

다진 양파
5스푼

다진 피망
3스푼

식초
2스푼

소금
약간

설탕
1/2스푼

후추
약간

|방법|

재료를 모두 섞어줍니다.

• 파프리카, 양상추, 오이 등 냉장고에 남은 재료를 활용해 만들어보세요.

샐러드 드레싱

훈제연어말이

· 양념장 ·
홀스래디시 드레싱

 |재료| 접시(중) 1개

☐ 훈제연어 1팩
☐ 무순 1팩
☐ 양파 작은 것 1개
☐ 삼색 파프리카 1개씩
☐ 홀스래디시 드레싱 적당량
☐ 케이퍼 2스푼

 |방법|

1 훈제연어는 해동해두고 무순은 흐트러지지 않게 살살 씻어서 물기를 빼줍
니다.

2 양파와 파프리카는 무순 길이로 채 썰어줍니다.

3 훈제연어를 길게 펴서 무순, 양파, 파프리카를 조금씩 넣어줍니다.

4 케이퍼 4~5알을 함께 넣고 말아줍니다.

5 접시에 담아 홀스래디시 드레싱을 뿌려줍니다.

홀스래디시 드레싱

연어샐러드, 연어초밥, 참치김밥, 말린 건어물을 찍어 먹을 때 잘 어울립니다.

|재료|

마요네즈
3스푼

와사비
1/3스푼

소금
1/3스푼

식초
1스푼

다진 양파
5스푼

|방법|

재료를 모두 섞어줍니다.

• 케이퍼 대신 오이피클을 채 썰어서 넣어도 됩니다.
• 파프리카를 빼고 양파와 무순만 넣어도 맛있습니다.

• 요거트 2스푼을 넣으면 와사비요거트 드레싱이
됩니다.

173

샐러드 드레싱

토마토 채소 샐러드

 |재료| 접시(중) 1개

☐ 토마토 200g
☐ 치커리 약간
☐ 쌈채소 100g
☐ 담백한 간장 드레싱 적당량

 |방법|

1 토마토는 끓는 물에 살짝 넣었다 빼서 껍질을 벗겨 먹기 좋게 잘라줍니다.

2 치커리와 쌈채소는 깨끗이 씻어서 한입 크기로 잘라 물기를 빼줍니다.

3 접시에 채소와 토마토를 담고 담백한 간장 드레싱을 뿌려줍니다.

담백한 간장 드레싱

닭가슴살 샐러드, 채소 샐러드 모두 어울리는 드레싱입니다. 당 성분을 빼서 다이어트 식단에 잘 어울립니다.

 |재료|

진간장
3스푼

올리브유
3스푼

식초
2스푼

다진 양파
3스푼

소금
1스푼

후추
약간

 |방법| 재료를 모두 섞어줍니다.

샐러드 드레싱

그린 샐러드

· 양념장 ·

담백한 참치액 드레싱

 |재료| 접시(중) 1개

☐ 상추 5장
☐ 치커리 50g
☐ 베이비채소 1줌
☐ 담백한 참치액 드레싱 3스푼

 |방법|

1 상추, 치커리, 베이비채소는 씻어서 한입 크기로 잘라 물기를 빼줍니다.

2 모든 채소는 접시에 담아 담백한 참치액 드레싱을 뿌려냅니다.

담백한 참치액 드레싱

미나리, 참나물, 달래 등 모든 잎채소에 어울리는
드레싱입니다.

|재료|

참치액
1스푼

진간장
3스푼

식초
2스푼

물
3스푼

다진 마늘
2스푼

다진 청양고추
3스푼

|방법|

재료를 모두 섞어줍니다.

• 설탕이나 오일을 사용하지 않아서 다이어트 식단에 잘 어울립니다.

샐러드 드레싱

훈제닭가슴살 샐러드

· 양념장 ·

요거트 드레싱

 |재료| 접시(중) 1개

☐ 훈제닭가슴살 100g
☐ 쌈채소 100g
☐ 양상추 1잎
☐ 사과 1/2개
☐ 요거트 드레싱 적당량

 |방법|

1 훈제 닭가슴살은 전자레인지에 1분 데워 식혀줍니다.

2 채소는 씻어서 손으로 뜯어서 물기를 빼줍니다.

3 사과는 깨끗이 씻어서 껍질째 먹기 좋게 썰어 담습니다.

4 훈제달가슴살은 먹기 좋게 찢어주거나 납작하게 썰어줍니다.

5 접시에 채소, 사과, 훈제닭가슴살을 담아 요거트 드레싱을 뿌려줍니다.

요거트 드레싱

과일, 채소. 닭가슴살, 콥 등으로 샐러드를 만들 때
어울립니다. 마요네즈에 요거트를 넣어 샐러드를
더 상큼하게 해줍니다.

 |재료|

요플레
1통(달콤한 맛)

마요네즈
2스푼

소금
1/3스푼

후춧가루
약간

식초
1스푼

 |방법|

재료를 모두 섞어줍니다.

• 물 200ml에 설탕 1스푼을 녹인 물에 사과를 담가
두면 갈변을 막아줍니다.

• 단맛 요거트는 설탕을 넣지 않아도 됩니다.

샐러드 드레싱

연근흑임자 샐러드

· 양념장 ·

흑임자 드레싱

 |재료| 접시(중) 1개

□ 연근 1뿌리
□ 흑임자 드레싱 적당량

 |방법|

1 연근은 껍질을 깎아서 먹기 좋은 크기로 썰어 물에 담가둡니다.

2 손질한 연근은 끓는 물에 3분 정도 삶아 찬물에 헹궈 물기를 빼줍니다.

3 데친 연근을 접시에 담고 흑임자 드레싱을 뿌려줍니다.

흑임자 드레싱

순한 맛 샐러드를 만들 때 잘 어울립니다. 양상추,
열무, 브로콜리 등 채소 샐러드에 잘 어울립니다.

|재료|

간 검은깨
3스푼

올리고당
1스푼

진간장
2스푼

참기름
1/2스푼

|방법|

1 검은깨를 볶아 믹서로 갈아줍니다.

2 참기름을 빼고 재료를 모두 섞어줍니다.

3 마지막에 참기름을 넣고 섞어줍니다.

• 취향에 따라 마늘을 넣어도 됩니다.

CHAPTER 9

세상 쉬운
이국 소스

요리가 세상 쉬운 양념장

쌀국수(태국식 건새우 양념장)

팟타이(팟타이 소스)

또띠야 피자(피자 소스)

베이컨크림파스타(크림파스타)

오므라이스(오므라이스 소스)

돈가스(돈가스 소스)

오이볶음(중국식 매운 소스)

감자그라탕(베샤멜 소스)

미트볼(토마토 소스)

탕수육(탕수육 소스)

참치마요덮밥(일본식 간장 소스)

메밀소바(쯔유)

새우초밥(일본식 단촛물)

라이스페이퍼롤(월남쌈 소스)

돼지고기달걀시금치볶음밥(태국식 볶음 소스)

로제파스타(로제파스타 소스)

토마토스파게티(미트파스타 소스)

오일파스타(오일파스타 소스)

이국 소스

쌀국수

 |재료|2인분|

- ☐ 불고기용 소고기 300g
- ☐ 숙주나물 2줌(100g)
- ☐ 쌀국수면 1봉지
- ☐ 생파슬리 2가닥
- ☐ 양파 작은 것 1개
- ☐ 태국식 건새우 양념장
- ☐ 소금, 후추 약간
- ☐ 멸치액젓 적당량
- ☐ 기본 다시마 육수(89쪽 참조) 적당량

 |방법|

1 끓는 물 1L에 소고기를 살짝 넣었다 끓기 전에 뺍니다.

2 물 500ml와 기본 다시마 육수를 섞고 소고기를 넣어 20분간 푹 끓입니다.

3 소금, 멸치액젓, 후춧가루로 간을 맞춥니다.

4 숙주나물은 씻어서 준비하고 양파는 가늘게 채 썰어서 소금, 설탕, 식초를 각 각 1/2스푼 넣어 20분간 절인 후 한 번 헹궈서 꼭 짜줍니다.

5 팔팔 끓는 소고기국물에 20분 이상 불린 쌀국수면을 살짝 넣었다 뺍니다.

6 쌀국수면을 그릇에 담고 숙주나물을 올린 후 국물을 부어줍니다.

7 소고기 건더기, 파슬리, 태국식 건새우 양념장을 올려 완성합니다.

태국식 건새우 양념장

볶음밥이나 쌀국수 양념장으로 잘 어울립니다.

|재료|
150ml

다진 건새우
1종이컵

식용유
1/2종이컵

베트남고추
7개

다진 대파
1/2종이컵

멸치액젓
3스푼

진간장
3스푼

설탕
2스푼

물
7스푼

|방법|

1 베트남고추는 손으로 부수어줍니다.

2 프라이팬에 건새우, 식용유. 배트남고추, 대파를 넣고 볶아줍니다.

3 멸치액젓. 진간장. 설탕, 물을 넣어 끓여줍니다.

- 취향에 따라 고수, 실파, 베트남고추를 추가합니다.
- 불린 쌀국수면이 남으면 밀폐통에 담아 냉장보관합니다.
- 고수가 없거나 고수를 못 먹는다면 파슬리를 활용하면 좋습니다.

- 건새우는 머리가 떼어진 두절로 사면 좋습니다.

팟타이

 |재료|4인분

☐ 쌀국수면 300g
☐ 칵테일새우 8마리
☐ 달걀 4개
☐ 숙주 300g
☐ 당근 100g
☐ 생파슬리 100g
☐ 식용유 6스푼
☐ 다진 마늘 1스푼
☐ 후춧가루 약간
☐ 땅콩가루 5스푼
☐ 팟타이 소스 6스푼

 |방법|

1 쌀국수면은 물에 30분 이상 불리고, 숙주는 씻어서 물기를 뺍니다. 당근은 채 썰고, 생파슬리는 잘게 썹니다. 달걀은 풀고 칵테일새우는 해동합니다.

2 궁중팬에 식용유를 넣고 다진 마늘, 칵테일새우, 후춧가루를 넣고 약불에서 새우가 노릇해질 때까지 볶습니다.

3 칵테일새우를 건지고 남아 있는 기름에 달걀을 넣어 스크램블을 만듭니다.

4 달걀을 한쪽에 밀어놓고 쌀국수와 당근을 넣고 팟타이 소스를 넣어가며 볶아줍니다. 마지막에 숙주를 넣고 살짝 볶아줍니다.

5 접시에 담아 잘게 썬 파슬리를 듬뿍 뿌려줍니다.

팟타이 소스

어디서나 구하기 쉬운 재료로 만들 수 있습니다. 타
임 대신 식초를, 피시소스 대신 멸치액젓을 사용했
어요.

| 재료 |

건새우가루
3스푼

베트남고추
6개

식용유
2소주잔

멸치액젓
3스푼

굴소스
3스푼

식초
2스푼

설탕
2스푼

다진 대파
1종이컵

| 방법 |

1 베트남고추는 손으로 부수어줍니다.

2 프라이팬에 식용유, 대파를 넣고 약불에서 1분 30초 정도 끓여줍니다.

3 나머지 재료를 모두 넣고 끓여줍니다.

• 타임 대신 식초를, 피시 소스 대신 멸치액젓을 사용해 만든 팟타이입니다.

• 파슬리 대신 부추 등 초록나물을 사용해도 됩니다.

이국 소스

또띠야 피자

 |재료|2인분

☐ 또띠야 2장
☐ 피자 소스 적당량
☐ 생토마토 1개
☐ 바질잎 5장(바질가루 약간)
☐ 피자치즈 1줌
☐ 꿀이나 올리고당 2스푼

 |방법|

1 생토마토는 끓는 물에 10초 데쳐 껍질을 벗기고 굵직하게 다져줍니다.

2 또띠야 1장에 꿀 2스푼을 넓게 펴 바르고 한 장 더 얹어 붙여줍니다.

3 또띠야 위에 피자 소스를 펴 바르고 손질한 생토마토와 피자치즈를 올려줍니다.

4 오븐 180℃에 10분 구워 치즈만 녹여줍니다.

5 바질가루를 살짝 뿌려줍니다.

피자 소스

냉장고 속에 남은 토마토가 많을 때 만들면 좋은
소스입니다.

|재료|

토마토
중간 것 4개

양파 중간 것
1/2개

바질가루
약간

소금
1/4스푼

설탕
2스푼

|방법|

1 토마토는 껍질에 십자 모양으로 칼집을 내어 끓는 물에서 10초 데친 후 건져서 껍질을
 벗깁니다.

2 양파는 믹서에 돌리기 좋게 잘라줍니다.

3 재료를 믹서에 모두 넣고 돌려줍니다.

4 냄비에 담고 바질가루, 소금, 설탕을 넣고 걸쭉해질 때까지 조립니다.

• 전자레인지에서 조리할 경우 1분 30초로 돌리면 됩니다.
• 생바질잎은 그냥 올립니다.
• 고기가 들어가지 않아 상큼한 또띠야 피자입니다. 햄이나 떡갈비를 구워 올려주어도 좋습니다.

이국 소스

베이컨크림파스타

 |재료|1인분

☐ 파스타면 200g
☐ 물 1L
☐ 소금 1스푼
☐ 올리브오일 1스푼(생략 가능)
☐ 크림파스타소스

 |방법|

1 냄비에 물을 올리고 끓으면 불을 줄이고 올리브오일과 소금을 넣고 면을 8분
  간 삶아줍니다. 요즘에는 3분 만에 삶아지는 면도 있으니 설명서를 잘 보고
  삶습니다.

2 파스타 삶은 물은 버리지 말고 면수로 사용합니다.

3 크림파스타 소스를 끓이고 면을 넣어줍니다. 파스타 삶은 물로 농도를 조절
  합니다.

크림파스타 소스

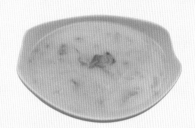

생크림 대신 크림스프가루로 만든 소스입니다.

 |재료|

베이컨
3줄

양파
1/2개

다진 마늘
1스푼

크림스프가루(양송이맛)
1+1/2스푼

우유
300ml

달걀노른자
1개

체다 슬라이스 치즈
1장

소금
약간

후춧가루
약간

 |방법|

1 베이컨은 잘게 자르고 양파는 채 썰어줍니다.

2 우유에 달걀노른자와 크림스프가루를 넣고 거품기로 저어 완전히 섞어줍니다.

3 프라이팬에 베이컨, 양파, 마늘을 넣고 약불에서 볶아줍니다. 기름은 따로 넣지 않고
   베이컨 기름을 이용합니다.

4 양파가 투명해지면 2를 저어주며 부어줍니다. 소금, 후춧가루를 뿌리고 체다 슬라이
   스 치즈를 넣어줍니다.

• 크림스프가루 대신 생크림을 사용해도 됩니다.
• 재료를 볶을 때 버터 1스푼을 넣어도 됩니다.

이국 소스

오므라이스

오므라이스 소스

 |재료| 2인분

□ 당근 약간
□ 대파 약간
□ 감자 작은 것 1개
□ 애호박 약간
□ 식용유 3스푼
□ 밥 2공기
□ 달걀 3개
□ 소금 1/4스푼
□ 오므라이스 소스

 |방법|

1 모든 재료를 잘게 다져줍니다.

2 달걀은 그릇에 담아 풀어줍니다.

3 프라이팬에 식용유를 두르고 대파를 볶아 파기름을 내고 감자를 넣어 볶아
   줍니다. 감자가 반쯤 익으면 당근과 애호박을 넣고 2분 정도 볶아주고 소금
   으로 간합니다.

4 밥을 넣고 마저 볶아줍니다.

5 다른 프라이팬에 달걀을 넓게 퍼서 구워주고 볶음밥을 올려 모양을 냅니다.

6 오므라이스 소스를 뿌려줍니다.

192

오므라이스 소스

간편하게 만드는 오므라이스 소스입니다.

|재료|

케첩
1소주잔

물
1소주잔

진간장
1스푼

설탕
1/2스푼

다진 양파
5스푼

식용유
1스푼

|방법|

1 식용유와 양파를 팬에 넣고 볶아줍니다.

2 양파가 노릇해지면 케첩, 진간장, 물, 설탕을 넣고 끓여줍니다.

이국 소스

돈가스

· 양념장 ·
돈가스 소스

 |재료|4인분|

☐ 돼지고기 등심 600g
☐ 양파 작은 것 1개
☐ 소금 1/4 스푼
☐ 후춧가루 1/4스푼
☐ 마늘 5쪽
☐ 달걀 1개
☐ 밀가루 3스푼
☐ 머스터드소스 4스푼(생략 가능)
☐ 빵가루 250g
☐ 돈가스 소스

 |방법|

1 돼지고기는 돈가스용으로 잘라 기계로 누른 것을 삽니다. 0.5~0.7mm 두께
　 로 썰어서 잔칼집을 내든지 고기방망이로 두드려줍니다.

2 양파와 마늘은 믹서로 갈아줍니다.

3 2에 소금, 후추, 머스터드, 달걀, 밀가루를 넣고 섞어주고 돼지고기에 고르게
　 묻혀 냉장고에서 1시간 이상 재워둡니다.

4 3에 하나씩 빵가루를 입혀 튀겨줍니다.

5 접시에 담고 돈가스 소스를 뿌려줍니다.

돈가스 소스

돈가스 소스이지만 맨밥에 비벼 먹어도 좋습니다.

| 재료 |

하이라이스가루
1/2종이컵

물
2종이컵

케첩
1스푼

설탕
1/2스푼

| 방법 |

재료를 냄비에 모두 넣고 섞어준 후 걸쭉해질 때까지 끓여줍니다.

• 차곡차곡 통에 담거나 1장씩 포장해 냉동실에 보
관합니다.

• 4일간 냉장보관이 가능합니다.

이국 소스

오이볶음

· 양념장 ·
중국식 매운 소스

 |재료| 접시(소) 1개

□ 오이 2개
□ 소금 1스푼
□ 중국식 매운 소스 3~4스푼

 |방법|

1 오이는 길게 반으로 갈라서 가늘게 어슷썰기하여 소금을 넣고 절여줍니다.

2 오이의 물기를 짠 다음 프라이팬에 중국식 매운 소스를 넣고 볶아줍니다.

중국식 매운 소스

맨밥에 올려 비벼 먹거나 볶음요리나 무침요리에
활용해도 좋습니다.

|재료|

고춧가루   식용유   다진 마늘   다진 대파(흰 부분)
4스푼   4스푼   2스푼   3스푼

통깨   진간장   생굴소스
2스푼   5스푼   1스푼(생략 가능)

|방법|

1 열에 강한 그릇에 고춧가루를 담습니다.

2 프라이팬에 식용유를 넣고 끓기 직전까지 달굽니다. 기름에 연기가 날 정로로 달구면
안 됩니다.

3 1에 뜨거운 기름을 부어줍니다.

4 마늘, 대파, 간장. 굴소스, 통깨를 넣고 섞어줍니다.

이국 소스

감자그라탕

 | 재료 | 2인분

☐ 식용유 3스푼
☐ 감자 2개 300g
☐ 양파 작은 것 1/2개
☐ 체다 슬라이스 치즈 3장
☐ 모차렐라 치즈 1종이컵
☐ 베샤멜 소스

 | 방법

1 감자와 양파는 채 썰어줍니다.

2 프라이팬에 식용유 3스푼을 넣고 양파와 감자를 볶아줍니다.

3 깊이가 있는 그릇에 2와 베샤멜소스를 벗갈아 쌓고 체다 슬라이스 치즈를 뜯어서 중간중간 넣어줍니다.

4 모차렐라 치즈는 맨 위에 듬뿍 올려주고 전자레인지에서 1분 30초 돌려줍니다.

베샤멜 소스

버섯페투치니, 버섯크림파스타, 라사냐, 마카로니 그라탕, 감자그라탕, 크림스프, 감자스프 등 부드러운 크림소스가 들어간 요리에 잘 어울립니다.

|재료|

버터
3스푼

밀가루
4스푼

차가운 우유
1+1/2종이컵

소금
1/3스푼

설탕
1스푼

후춧가루
1/4스푼

|방법|

1 버터를 팬에넣 고 아주 약한 불에서 녹여준 후 밀가루를 넣고 볶아 루를 만들어줍니다. 갈색이 되면 안 됩니다.

2 루와 차가운 우유를 믹서에 넣고 갈아줍니다.

3 2를 팬에 다시 넣고 아주 약한 불에서 3분간 끓여줍니다.

4 소금, 설탕. 후춧가루를 넣고 간을 맞춥니다.

이국 소스

미트볼

토마토 소스

 |재료| 접시(중) 1개

□ 간 소고기 300g
□ 후춧가루 약간
□ 소금 약간
□ 다진 마늘 1/2스푼
□ 토마토 소스 200ml

 |방법|

1 소고기에 후춧가루, 소금, 다진 마늘을 넣고 주물러줍니다.

2 소고기에 끈기가 생기면 한입 크기로 동그랗게 빚어줍니다.

3 프라이팬에 기름을 두르고 미트볼을 굴려가면서 구워줍니다.

4 토마토 소스에 3을 넣고 조려줍니다. 미트볼이 너무 크다 싶을 땐 냄비뚜껑
을 덮고 익혀줍니다.

200

토마토 소스

미트볼, 햄 등을 토마토 소스로 조리면 맛있습니다.

|재료|

잘게 썬 토마토
3종이컵

다진 양파
1종이컵

바질가루
1/3스푼

소금
1/2스푼

설탕
1/2스푼

식용유
2스푼

|방법|

1 토마토는 십자 모양으로 칼집을 내어 끓는 물에 데쳐 껍질을 벗기고 잘게 다져줍니다.

2 프라이팬에 식용유를 두르고 양파를 넣고 볶아줍니다.

3 3에 토마토를 넣고 볶다가 바질가루, 소금, 설탕을 넣고 아주 약한 불에서 뭉근하게
10분 졸여줍니다.

• 소고기는 적당히 기름이 있는 게 식감이 부드럽
습니다.

• 통에 담아 1주일간 냉장보관이 가능합니다.

이국 소스

탕수육

· 양념장 ·

탕수육 소스

 |재료|2인분|

□ 돼지고기목살 300g

□ 감자전분 4스푼

□ 달걀 1개

□ 소금 약간

□ 후춧가루 약간

□ 튀김기름 3종이컵

□ 채소(당근, 양파, 오이) 약간

□ 탕수육 소스

 |방법|

1 돼지고기는 탕수육용으로 길게 자르거나 목살에 잔칼집을 넣어 준비하고 소금과 후춧가루를 살짝 뿌려둡니다.

2 1에 달걀을 넣고 주물러줍니다.

3 2에 감자전분을 두껍게 묻힙니다.

4 기름에 튀기고 식힌 후 한 번 더 튀겨줍니다.

5 탕수육 소스에 오이, 당근, 양파를 조금씩 썰어 넣고 살짝 끓여줍니다.

6 5를 튀긴 돼지고기에 얹어냅니다.

탕수육 소스

오이, 양파, 당근을 예쁘게 썰어 넣어 한 번 더 끓여
도 좋습니다. 가지 탕수육, 두부 탕수육, 치킨 등에
뿌려 먹어도 잘 어울립니다.

| 재료 |

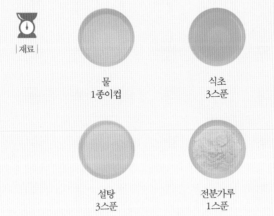

물
1종이컵

식초
3스푼

진간장
3스푼

소금
1/4스푼

설탕
3스푼

전분가루
1스푼

| 방법 |

재료를 모두 섞어 끓여줍니다.

이국 소스

참치마요덮밥

· 양념장 ·
일본식 간장 소스

 |재료|3인분

☐ 참치캔 80g 1개
☐ 달걀 1개
☐ 마요네즈 2스푼
☐ 일본식 간장 소스 2스푼
☐ 김가루 약간
☐ 밥 1공기

 |방법|

1 그릇에 밥을 깔아줍니다.

2 참치캔의 기름을 짠 후 프라이팬에 볶아서 밥 위에 올려줍니다.

3 프라이팬에 식용유를 약간 두르고 달걀을 깨서 스크램블하듯 익혀 밥 위에 올려줍니다.

4 마요네즈, 일본식 간장 소스, 김가루를 뿌려줍니다.

일본식 간장 소스

덮밥, 조림, 구이 등에 잘 어울립니다. 소고기, 양파 등을 볶아 덮밥처럼 먹거나 죽 먹을 때 곁들이 양념으로 먹어도 좋습니다.

|재료|

다시마
손바닥 크기 4장

양파
중간 것 1개

대파
큰 것 1뿌리

건새우
1종이컵

진간장
3종이컵

설탕
1+1/2종이컵

맛술
1종이컵

마늘
5쪽

생강
2쪽(생강청 2스푼)

|방법|

1 양파와 대파는 4등분합니다.

2 물 1.5L에 다시마, 양파, 대파, 마늘, 생강, 건새우를 넣고 약한 불에서 20분 정도 끓여 주고 건더기는 건져냅니다.

3 1의 다시마 육수 500ml에 진간장, 설탕, 맛술을 넣고 끓여서 양이 절반이 되게 졸여줍니다. 이때 진하게 졸여줄수록 냉장고에 오래 보관할 수 있습니다.

• 다시마 육수를 내고 난 건더기는 고등어조림이나 김치찜을 만들 때 밑에 깔면 다 먹을 수 있습니다.

이국 소스

메밀소바

· 양념장 ·

쯔유

|재료|1인분

☐ 건메밀면 100g
☐ 김가루 약간
☐ 쯔유 적당량

|방법|

1 끓는 물 1L에 메밀면을 넣고 5분 정도 삶아줍니다.

2 삶은 메밀면을 건져서 씻어줍니다.

3 쯔유와 생수를 1:5로 희석하고 메밀면을 넣어줍니다.

4 김가루를 뿌려줍니다.

쯔유

여름 오기 전에 미리 만들어두면 좋은 쯔유입니다.

| 재료 |

대파
큰 것 1뿌리

양파
중간 것 1개

생강편
10쪽

진간장
3종이컵

설탕
1종이컵

참치액
1종이컵

멸치액젓
1/2종이컵

물
500ml

| 방법 |

1 대파와 양파는 큼직하게 잘라 석쇠에서 구워줍니다.

2 냄비에 모든 재료를 넣고 약불에서 20분간 끓여줍니다.

3 대파와 양파는 건져내고 센불에서 10분간 졸여줍니다.

• 쪽파나 간 무를 추가하면 더 맛있습니다.

• 참치액 대신 가스오부시 1종이컵을 넣어 끓인 다음 건져내도 됩니다.

이국 소스

새우초밥

 |재료|4인분|

□ 쌀 3종이컵
□ 칵테일새우 200g
□ 달걀 3개
□ 모듬새싹 1팩
□ 크리미(맛살) 80g
□ 오이 1개
□ 양파 중간 것 1개
□ 일본식 단촛물 적당량
□ 겨자 간장 적당량

 |방법|

1 고슬고슬하게 지은 밥에 단촛물을 넣고 미지근하게 식혀줍니다.

2 새우는 소금물에 데쳐주고, 크리미(맛살)는 잘게 찢어놓아요.

3 달걀은 지단을 부쳐 4cm 길이로, 양파도 채썰어 물에 담가 매운맛을 뺍니다.

4 새싹은 씻어서 물기를 빼주고, 오이는 반달 모양으로 썰어 소금 1/2스푼에 20분 절여 물기를 빼줍니다.

5 원형 틀 아래쪽에 밥, 오이, 밥, 크리미, 밥, 양파 순으로 펴줍니다.

6 맨 위에 지단, 새우, 새싹을 올려 마무리합니다.

일본식 단촛물

김초밥, 새우초밥, 유부초밥 등 초밥용 밥을 만들
때 사용합니다.

|재료|

식초
2스푼

소금
1스푼

설탕
2스푼

물
1스푼

|방법|

1 설탕 빼고 빈 병에 재료를 모두 담습니다. 뚜껑을 닫고 소금이 녹을 때까지 흔들어줍
니다.

2 마지막에 설탕을 넣고 흔들어서 녹여줍니다.

• 와사비 간장(진간장 2스푼+올리고당 1스푼+물 3스푼)을 곁들이면 좋습니다.
• 채소는 가늘고 얇게 썰어주어야 초밥 모양이 예쁩니다.

이국 소스

라이스페이퍼롤

· 양념장 ·
월남쌈 소스

 |재료| 2인분

☐ 라이스페이퍼 10장
☐ 칵테일새우 200g
☐ 삼색 파프리카 1봉지
☐ 새싹 작은 것 1팩
☐ 당근 약간
☐ 월남쌈 소스

 |방법|

1 칵테일새우는 끓는 물에 익혀줍니다. 굵은 새우는 반으로 갈라 사용합니다.

2 파프리카와 당근은 일정한 길이로 채 썰어줍니다.

3 새싹은 씻어서 물기를 빼줍니다.

4 라이스페이퍼 불리는 데 사용할 물 700ml를 끓여서 준비합니다.

5 물에 불린 라이스페이퍼에 새우를 넣고 새싹, 파프리카, 당근을 올려 말아줍니다.

월남쌈 소스

샤브샤브나 월남쌈을 찍어 먹을 때 잘 어울리는 소
스입니다.

|재료|

피시소스
2스푼

올리고당
3스푼

다진 청양고추
2스푼

식초
1스푼

|방법|

재료를 모두 섞어줍니다.

- 새우를 제일 아래쪽에 넣고 말아야 말린 모양이
  예쁩니다.

- 피시소스 대신 멸치액젓이나 까나리액젓으로 해
  도 됩니다.
- 청양고추는 씨까지 잘게 다져줍니다.

이국 소스

돼지고기달걀시금치 볶음밥

 |재료| 1인분

☐ 시금치 1줌
☐ 달걀 2개
☐ 밥 3공기
☐ 태국식 볶음 소스 3~4스푼
☐ 참기름 1스푼
☐ 통깨나 깨소금 1스푼
☐ 후춧가루 약간

 |방법|

1 시금치는 다듬어서 씻어주고 아주 짧게 잘라줍니다.

2 달걀은 풀어서 스크램블을 만듭니다.

3 프라이팬에 참기름을 두르고 시금치를 넣고 볶습니다. 소금으로 간합니다.

4 3에 2를 섞어주고 깨소금 1스푼을 뿌려줍니다.

5 4에 태국식 볶음 소스를 넣고 볶아줍니다.

6 후춧가루를 살짝 뿌려주고 시금치 볶은 것과 함께 접시에 담아냅니다.

태국식 볶음 소스

비벼 먹거나 주먹밥을 만들어 먹어도
잘 어울립니다.

 |재료|

간 돼지고기
1종이컵

다진 대파
1/2종이컵

다진 마늘
1스푼

후춧가루
약간

식용유
5스푼

진간장
3스푼

멸치액젓
2스푼

설탕
2스푼

다진 청양고추
(베트남고추) 약간

|방법|

1 프라이팬에 식용유를 두르고 돼지고기, 대파, 마늘, 후춧가루를 넣고 바싹 볶아줍니다.

2 1에 진간장, 멸치액젓, 설탕, 청양고추를 넣고 끓여줍니다.

• 다른 채소를 추가해 볶아주면 더 맛있습니다.
• 멸치액젓 대신 까나리액젓을 사용해도 됩니다.
• 7일간 냉장보관이 가능합니다.

이국 소스

로제파스타

· 양념장 ·

로제파스타 소스

 |재료|1인분

☐ 파스타면 80~100g
☐ 로제파스타 소스 1/2종이컵
☐ 파스타 삶을 물 2L
☐ 소금 1/2스푼

 |방법|

1 끓는 물에 소금을 넣고 파스타면을 8분간 삶아줍니다. 요즘에는 3분 만에 삶
  아지는 면도 있으니 설명서를 잘 보고 삶습니다.

2 프라이팬에 로제파스타 소스를 넣고 끓입니다.

3 2에 파스타면을 넣고 섞어줍니다. 간을 보고 싱거우면 소스나 면수를 넣어
  간을 맞춥니다.

로제파스타 소스

생크림 대신 우유를 넣고 만든
로제파스타 소스입니다.

|재료|

다진 양파
1종이컵

다진 마늘
1스푼

토마토
중간 것 2개

우유
2종이컵

체다 슬라이스 치즈
3장

바질가루
약간

소금
1/2스푼

올리브오일
5스푼

|방법|

1 토마토는 끓는 물에 넣었다가 빼서 껍질을 벗겨줍니다.

2 프라이팬에 올리브오일을 두르고 양파, 마늘을 넣고 노릇해질 때까지 볶아줍니다.

3 믹서에 1, 2, 우유를 넣고 갈아줍니다.

4 3을 팬에 넣고 끓이면서 바질가루, 체다 슬라이스치즈, 소금을 넣어 간을 맞춥니다.
　이때 면을 넣으면 싱거워지는 걸 감안하여 맞춥니다.

이국 소스

토마토스파게티

· 양념장 ·
미트파스타 소스

 |재료| 1인분

☐ 스파게티면 80~100g
☐ 물 1L
☐ 소금 1/2스푼
☐ 미트파스타 소스 1/2종이컵

 |방법|

1 끓는 물에 소금을 넣고 스파게티면을 8분간 삶아줍니다.

2 프라이팬에 면을 넣고 미트파스타 소스를 넣고 끓여줍니다.

미트파스타 소스

한 번에 넉넉히 만들어 1주일간 냉장보관이 가능합니다. 그라탕이나 채소스프를 만들 때 활용해도 좋습니다.

|재료|

간 토마토
3종이컵

간 소고기
150g

다진 양파
1종이컵

다진 마늘
2스푼

바질가루
1/3스푼

월계수 잎
2장

케첩
1종이컵

진간장
1스푼

굴소스
2스푼

설탕
2스푼

물
1종이컵

후춧가루
약간

체다 슬라이스 치즈
2장

|방법|

1 마늘, 양파, 소고기를 넣고 후춧가루를 뿌려 볶아줍니다.

2 토마토, 월계수 잎, 바질가루, 케첩, 물, 진간장, 굴소스를 넣고 아주 약한 불에서 뚜껑 덮고 15분간 끓여줍니다. 마지막에 체다 슬라이스 치즈를 올려줍니다.

• 소고기를 빼고 마늘을 많이 넣으면 갈릭토마토스파게티 소스가 됩니다.
• 굴소스가 없을 때에는 진간장을 2스푼으로 늘려줍니다.

이국 소스

오일파스타

오일파스타 소스

 |재료| 1인분

☐ 스파게티면 90g
☐ 오일파스타 소스 4스푼

 |방법|

1 끓는 물에 소금을 넣고 스파게티면을 8분간 삶아줍니다. 요즘에는 3분 만에 삶아지는 면도 있으니 설명서를 잘 보고 삶습니다.

2 오일파스타 소스를 프라이팬에 넣고 약불에서 끓이듯이 볶아줍니다.

3 삶은 면을 건져 2에 넣고 볶아줍니다. 이때 면수를 넣어가며 간을 맞춥니다.

오일파스타 소스

새우를 넣으면 새우오일파스타, 모시조개를 넣으면
봉골레파스타가 됩니다. 주재료를 바꿔 다양하게
활용해보세요.

|재료|
200ml

올리브오일
2종이컵

다진 마늘
1종이컵

소금
2스푼

베트남고추
10개

월계수 잎
6장

|방법|

1 베트남고추는 손으로 부수어줍니다.

2 빈 병에 재료를 모두 담습니다.

3 뚜껑을 닫고 흔들어서 소금을 녹여줍니다.

CHAPTER 10

만들어 두면
요긴한
요리 재료

요리가 세상 쉬운 양념장

◆

생강청

청양고추청

배 퓌레

파기름

천연조미료

맛간장

양파가루

◆

생강청

요리하고 남은 생강은 보관도 쉽지 않지요. 넉넉히
사서 설탕에 절여서 냉장보관해두었다가 한두 조각
씩 꺼내 불고기양념이나 김치양념에 갈아 넣으면
유용해요.

|재료|
1L

생강
500g

설탕
500g

|방법|

1 생강은 껍질을 깎고 최대한 얇게 썰어줍니다.

2 생강을 설탕으로 버무려서 병에 담아줍니다.

3 냉장고에 넣어두면 설탕이 녹으면서 생강 액기스가 나옵니다. 한 번씩 흔들어주면서
   냉장보관합니다.

• 필요할 때마다 생강 1쪽씩 꺼내 씁니다.
• 뜨거운 물을 부어 생강차로 마셔도 됩니다.
• 설탕 대신 꿀을 넣어도됩니다.

청양고추청

청양고추를 1봉지 사서 쓰다 보면 남아서 말라버리
거나 못 쓰게 되는 경우가 있는데 청양고추청을 만
들면 버리는 일 없이 알뜰하게 사용할 수 있습니다.
찌개, 볶음, 무침에 조금씩 넣어 활용하면 좋습니다.

|재료|
1L

다진 청양고추
500g

설탕
500g

|방법|

1 청양고추는 씻어서 꼭지를 따내고 가위로 잘라 믹서로 갈아줍니다.

2 설탕과 청양고추를 버무려서 병에 담아 냉장보관합니다.

3 1개월 후에 걸러내어 액기스만 담아도 되고 건더기까지 써도 됩니다.

• 찜닭, 매운 갈비찜, 매운 불고기, 매콤한 볶음밥, 조림, 구이 등 약간 단맛이 들어가는 매운맛이 필요한 요리
  에 사용합니다.
• 한여름 노지에서 자란 청양고추로 만들면 제대로 매운맛을 낼 수 있습니다.

배 퓌레

배 가격이 쌀 때 만들어두면 좋습니다. 육류요리 양
념할 때 사용하면 고기를 부드럽게 해줍니다.

|재료|
1L

잘게 자른 배
1kg

설탕
500g

|방법|

1 배는 껍질을 깎고 잘게 잘라 믹서로 갈아줍니다.

2 설탕과 배를 냄비에 넣고 걸쭉하게 졸여줍니다.

3 병에 담아 냉장보관합니다.

• 불고기, 갈비찜을 할 때 활용합니다
• 식빵에 발라 먹거나 샌드위치 소스로 활용해도 됩니다.

파기름

대파를 말려서 기름을 부어놓으면 언제든지 파기름
을 낼 수 있습니다. 볶음밥뿐 아니라 생선이나 고기
를 구우면 냄새 제거 효과가 있습니다.

|재료|
300ml

다진 대파
1종이컵

식용유
1종이컵

|방법|

1 대파는 송송 썰어서 키친타월 위에 얇게 펴서 말립니다.
2 말린 대파와 식용유를 병에 담고 뚜껑을 덮어서 실온에 둡니다.
3 1주일 정도 있으면 대파향이 우러난 대파기름이 됩니다.

• 멸치볶음, 건어물볶음, 볶음밥, 생선구이, 돈가스 등을 할 때 기름에 섞어 활용합니다.

천연조미료

육수 낼 시간이 없을 때 간편하게 만들 수 있습니다.

|재료|
500ml

찢은 북어
4종이컵

건새우
3종이컵

다시마
손바닥 크기 1장

육수용 멸치
2종이컵

말린 버섯
2종이컵

|방법|

1 북어는 찢어진 것을 사서 키친타월에 얇게 깔아 바싹 말려줍니다.

2 건새우는 접시에 펼쳐 담아 전자레인지에 1~2분 돌려줍니다.

3 육수용 멸치는 머리와 내장은 떼어내고 접시에 담아 전자레인지에 2분 돌려서 익히듯
   말립니다.

4 모든 재료를 가위로 대충 잘라 믹서에 넣고 갈아줍니다.

• 버섯은 보통 표고버섯 말린 것을 사용하지만 꼭 표고버섯이 아니라도 괜찮습니다.
• 전자레인지가 없을 땐 프라이팬에 기름 없이 볶아서 말립니다.
• 멸치는 꼭 익히듯 말려주어야 비린 맛이 없어집니다.
• 천연조미료는 국물에 넣었을 때 맛은 좋지만 녹지 않기 때문에 국물이 탁해집니다.
• 된장국, 된장찌개, 강된장, 김치찌개, 순두부찌개 등 탁한 국물에 사용합니다.
• 부침개를 할 때 밀가루에 섞으면 좋습니다.

맛간장

요리하고 남은 버섯을 작게 잘라 말리고 모아두었다 맛간장을 만들어보세요. 끓이지 않고 만들 수 있습니다. 비빔, 볶음, 조림 등 다양하게 활용 가능합니다.

| 재료 |
500ml

말린 버섯(표고, 새송이,
만가닥. 팽이버섯 등) 2종이컵

다시마
손바닥 크기 2장

베트남고추
6개(생략 가능)

진간장
3~4종이컵

올리고당
3스푼

| 방법 |

재료를 병에 담고 뚜껑을 덮고 실온에 3일 정도 둡니다.

- 간장을 다 먹고 남은 건더기는 육수 끓일 때나 양념장에 활용하세요.
- 물과 올리고당을 적당히 섞어서 부어두었다가 짠맛이 희석되면 버섯장아찌로 즐길 수 있어요.
- 실온에서 1개월 보관 가능하고 냉장 상태로 몇 개월 보관 가능합니다.

양파가루

깜짝 놀랄 정도로 단맛이 납니다. 요리에 조미료처럼 1스푼씩 사용하면 맛있어요.

|재료|
500ml

양파
1망

|방법|

1 양파를 채썰어 식품건조기로 바싹 말려줍니다.
2 말린 양파를 분쇄기로 갈아줍니다.

 • 양파가루는 시간이 지나면 습기를 머금고 굳어질 수 있으니 냉장고나 냉동실에 보관하세요.